本项目由深圳市宣传文化事业发展专项基金资助

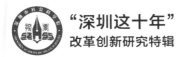

"深圳这十年"
改革创新研究特辑

郭少青 ◎ 著

新时代环境治理现代化的
理论建构与深圳经验

中国社会科学出版社

图书在版编目（CIP）数据

新时代环境治理现代化的理论建构与深圳经验／郭少青著．—北京：中国社会科学出版社，2022.11

（"深圳这十年"改革创新研究特辑）

ISBN 978 - 7 - 5227 - 0950 - 5

Ⅰ. ①新…　Ⅱ. ①郭…　Ⅲ. ①环境综合整治—研究—深圳

Ⅳ. ①X321. 265. 3

中国版本图书馆 CIP 数据核字（2022）第 195308 号

出 版 人	赵剑英	
责任编辑	王　琪	
责任校对	赵雪姣	
责任印制	王　超	

出　　　版	中国社会科学出版社	
社　　　址	北京鼓楼西大街甲 158 号	
邮　　　编	100720	
网　　　址	http：//www. csspw. cn	
发 行 部	010 - 84083685	
门 市 部	010 - 84029450	
经　　　销	新华书店及其他书店	

印　　　刷	北京明恒达印务有限公司	
装　　　订	廊坊市广阳区广增装订厂	
版　　　次	2022 年 11 月第 1 版	
印　　　次	2022 年 11 月第 1 次印刷	

开　　　本	710 × 1000　1/16	
印　　　张	16. 75	
字　　　数	245 千字	
定　　　价	109. 00 元	

作者简介

　　郭少青，法学博士，深圳大学政府管理学院副教授、特聘研究员、硕士生导师，深圳大学优秀青年学者。主要研究方向为城市环境治理和大数据治理。出版专著两部，主持国家社科基金、教育部人文社科研究项目、广东省哲学社科规划项目、中国法学会部级法学研究课题等研究项目十余项。在《国外社会科学》《中国软科学》《社会科学战线》等学术期刊发表论文三十余篇。

内容简介

　　随着以大数据、人工智能、云计算为代表的第四次工业革命技术的深入发展，传统的环境治理领域也正面临着一场深刻的改革。本书从理论上对科技赋能下新时代的环境治理工具、治理模式和治理理念进行了探索，并从制度创新角度探讨了环境治理体系的突破与重构。同时，本书立足实践，从环境治理的重点领域和深圳本土案例出发，梳理和总结出技术支撑下的可复制、可推广的环境治理新模式和新路径。

突出改革创新的时代精神

在人类历史长河中，改革创新是社会发展和历史前进的一种基本方式，是一个国家和民族兴旺发达的决定性因素。古今中外，国运的兴衰、地域的起落，莫不与改革创新息息相关。无论是中国历史上的商鞅变法、王安石变法，还是西方历史上的文艺复兴、宗教改革，这些改革和创新都对当时的政治、经济、社会甚至人类文明产生了深远的影响。但在实际推进中，世界上各个国家和地区的改革创新都不是一帆风顺的，力量的博弈、利益的冲突、思想的碰撞往往伴随着改革创新的始终。就当事者而言，对改革创新的正误判断并不像后人在历史分析中提出的因果关系那样确定无疑。因此，透过复杂的枝蔓，洞察必然的主流，坚定必胜的信念，对一个国家和民族的改革创新来说就显得极其重要和难能可贵。

改革创新，是深圳的城市标识，是深圳的生命动力，是深圳迎接挑战、突破困局、实现飞跃的基本途径。不改革创新就无路可走、就无以召唤。作为中国特色社会主义先行示范区，深圳肩负着为改革开放探索道路的使命。改革开放以来，历届市委、市政府以挺立潮头、敢为人先的勇气，进行了一系列大胆的探索、改革和创新，不仅使深圳占得了发展先机，而且获得了强大的发展后劲，为今后的发展奠定了坚实的基础。深圳的每一步发展都源于改革创新的推动；改革创新不仅创造了深圳经济社会和文化发展的奇迹，而且使深圳成为"全国改革开放的一面旗帜"和引领全国社会主义现代化建设的"排头兵"。

从另一个角度来看，改革创新又是深圳矢志不渝、坚定不移的命运抉择。为什么一个最初基本以加工别人产品为生计的特区，变成了一个以高新技术产业安身立命的先锋城市？为什么一个最初大学稀缺、研究院所数量几乎是零的地方，因自主创新而名扬天下？原因很多，但极为重要的是深圳拥有以移民文化为基础，以制度文化为保障的优良文化生态，拥有崇尚改革创新的城市优良基因。来到这里的很多人，都有对过去的不满和对未来的梦想，他们骨子里流着创新的血液。许多个体汇聚起来，就会形成巨大的创新力量。可以说，深圳是一座以创新为灵魂的城市，正是移民文化造就了这座城市的创新基因。因此，在经济特区发展历史上，创新无所不在，打破陈规司空见惯。例如，特区初建时缺乏建设资金，就通过改革开放引来了大量外资；发展中遇到瓶颈压力，就向改革创新要空间、要资源、要动力。再比如，深圳作为改革开放的探索者、先行者，向前迈出的每一步都面临着处于十字路口的选择，不创新不突破就会迷失方向。从特区酝酿时的"建"与"不建"，到特区快速发展中的姓"社"姓"资"，从特区跨越中的"存"与"废"，到新世纪初的"特"与"不特"，每一次挑战都考验着深圳改革开放的成败进退，每一次挑战都把深圳改革创新的招牌擦得更亮。因此，多元包容的现代移民文化和敢闯敢试的城市创新氛围，成就了深圳改革开放以来最为独特的发展优势。

40多年来，深圳正是凭着坚持改革创新的赤胆忠心，在汹涌澎湃的历史潮头劈波斩浪、勇往向前，经受住了各种风浪的袭扰和摔打，闯过了一个又一个关口，成为锲而不舍的走向社会主义市场经济和中国特色社会主义的"闯将"。从这个意义上说，深圳的价值和生命就是改革创新，改革创新是深圳的根、深圳的魂，铸造了经济特区的品格秉性、价值内涵和运动程式，成为深圳成长和发展的常态。深圳特色的"创新型文化"，让创新成为城市生命力和活力的源泉。

我们党始终坚持深化改革、不断创新，对推动中国特色社会主义事业发展、实现中华民族伟大复兴的中国梦产生了重大而深远的影响。新时代，我国迈入高质量发展阶段，要求我们不断解放思想，坚持改革创新。深圳面临着改革创新的新使命和新征程，市委市政府推出全面深化改革、全面扩大开放综合措施，肩负起创建社会主义现代化强国的城市范例的历史重任。

如果说深圳前40年的创新，主要立足于"破"，可以视为打破旧规矩、挣脱旧藩篱，以破为先、破多于立，"摸着石头过河"，勇于冲破计划经济体制等束缚；那么今后深圳的改革创新，更应当着眼于"立"，"立"字为先、立法立规、守法守规，弘扬法治理念，发挥制度优势，通过立规矩、建制度，不断完善社会主义市场经济制度，推动全面深化改革、全面扩大开放，创造新的竞争优势。在"两个一百年"历史交汇点上，深圳充分发挥粤港澳大湾区、深圳先行示范区"双区"驱动优势和深圳经济特区、深圳先行示范区"双区"叠加效应，明确了"1+10+10"工作部署，瞄准高质量发展高地、法治城市示范、城市文明典范、民生幸福标杆、可持续发展先锋的战略定位持续奋斗，建成现代化国际化创新型城市，基本实现社会主义现代化。

如今，新时代的改革创新既展示了我们的理论自信、制度自信、道路自信，又要求我们承担起巨大的改革勇气、智慧和决心。在新的形势下，深圳如何通过改革创新实现更好更快的发展，继续当好全面深化改革的排头兵，为全国提供更多更有意义的示范和借鉴，为中国特色社会主义事业和实现民族伟大复兴的中国梦做出更大贡献，这是深圳当前和今后一段时期面临的重大理论和现实问题，需要各行业、各领域着眼于深圳改革创新的探索和实践，加大理论研究，强化改革思考，总结实践经验，作出科学回答，以进一步加强创新文化建设，唤起全社会推进改革的勇气、弘扬创新的精神和实现梦想的激情，形成深圳率先改革、主动改革的强大理论共识。比如，近些年深圳各行业、各领域应有什么重要的战略调整？各区、各单位在改革创新上取得什么样的成就？这些成就如何在理论上加以总结？形成怎样的制度成果？如何为未来提供一个更为明晰的思路和路径指引？等等，这些颇具现实意义的问题都需要在实践基础上进一步梳理和概括。

为了总结和推广深圳的重要改革创新探索成果，深圳社科理论界组织出版《深圳改革创新丛书》，通过汇集深圳各领域推动改革创新探索的最新总结成果，希冀助力推动形成深圳全面深化改革、全面扩大开放的新格局。其编撰要求主要包括：

首先，立足于创新实践。丛书的内容主要着眼于新近的改革思维与创新实践，既突出时代色彩，侧重于眼前的实践、当下的总结，同时也兼顾基于实践的推广性以及对未来的展望与构想。那些已经产生重要影响并广为人知的经验，不再作为深入研究的对象。这并不是说那些历史经验不值得再提，而是说那些经验已经沉淀，已经得到文化形态和实践成果的转化。比如说，某些观念已经转化成某种习惯和城市文化常识，成为深圳城市气质的内容，这些内容就可不必重复阐述。因此，这套丛书更注重的是目前行业一线的创新探索，或者过去未被发现、未充分发掘但有价值的创新实践。

其次，专注于前沿探讨。丛书的选题应当来自改革实践最前沿，不是纯粹的学理探讨。作者并不限于从事社科理论研究的专家学者，还包括各行业、各领域的实际工作者。撰文要求以事实为基础，以改革创新成果为主要内容，以平实说理为叙述风格。丛书的视野甚至还包括那些为改革创新做出了重要贡献的一些个人，集中展示和汇集他们对于前沿探索的思想创新和理念创新成果。

第三，着眼于解决问题。这套丛书虽然以实践为基础，但应当注重经验的总结和理论的提炼。入选的书稿要有基本的学术要求和深入的理论思考，而非一般性的工作总结、经验汇编和材料汇集。学术研究需强调问题意识。这套丛书的选择要求针对当前面临的较为急迫的现实问题，着眼于那些来自于经济社会发展第一线的群众关心关注的瓶颈问题的有效解决。

事实上，古今中外有不少来源于实践的著作，为后世提供着持久的思想能量。撰著《旧时代与大革命》的法国思想家托克维尔，正是基于其深入考察美国的民主制度的实践之后，写成名著《论美国的民主》，这可视为从实践到学术的一个范例。托克维尔不是美国民主制度设计的参与者，而是旁观者，但就是这样一位旁观者，为西方政治思想留下了一份经典文献。马克思的《法兰西内战》，也是一部来源于革命实践的作品，它基于巴黎公社革命的经验，既是那个时代的见证，也是马克思主义的重要文献。这些经典著作都是我们总结和提升实践经验的可资参照的榜样。

那些关注实践的大时代的大著作，至少可以给我们这样的启示：哪怕面对的是具体的问题，也不妨拥有大视野，从具体而微的实践探索中展现宏阔远大的社会背景，并形成进一步推进实践发展的真知灼见。《深圳改革创新丛书》虽然主要还是探讨深圳的政治、经济、社会、文化、生态文明建设和党的建设各个方面的实际问题，但其所体现的创新性、先进性与理论性，也能够充分反映深圳的主流价值观和城市文化精神，从而促进形成一种创新的时代气质。

王京生

写于 2016 年 3 月

改于 2021 年 12 月

总 序 二

中国式现代化道路的深圳探索

党的十八大以来，中国特色社会主义进入新时代。面对世界经济复苏乏力、局部冲突和动荡频发、新冠肺炎病毒世纪疫情肆虐、全球性问题加剧、我国经济发展进入新常态等一系列深刻变化，全国人民在中国共产党的坚强领导下，团结一心，迎难而上，踔厉奋发，取得了改革开放和社会主义现代化建设的历史性新成就。作为改革开放的先锋城市，深圳也迎来了建设粤港澳大湾区和中国特色社会主义先行示范区"双区驱动"的重大历史机遇，踏上了中国特色社会主义伟大实践的新征程。

面对新机遇和新挑战，深圳明确画出奋进的路线图——到2025年，建成现代化国际化创新型城市；到2035年，建成具有全球影响力的创新创业创意之都，成为我国建设社会主义现代化强国的城市范例；到21世纪中叶，成为竞争力、创新力、影响力卓著的全球标杆城市——吹响了新时代的冲锋号。

改革创新，是深圳的城市标识，是深圳的生命动力，是深圳迎接挑战、突破困局、实现飞跃的基本途径；而先行示范，是深圳在新发展阶段贯彻新发展理念、构建新发展格局的新使命、新任务，是深圳在中国式现代化道路上不懈探索的宏伟目标和强大动力。

在党的二十大胜利召开这个重要历史节点，在我国进入全面建设社会主义现代化国家新征程的关键时刻，深圳社科理论界围绕贯彻落实习近平新时代中国特色社会主义思想，植根于深圳经济特区的伟大实践，致力于在"全球视野、国家战略、广东大局、深圳担当"四维空间中找准工作定位，着力打造新时代研究阐释和学习宣传习近平新时代中国特色社会主义思想的典范、打造新时代国际传播典范、打造新时代"两个文明"全面协调发展典范、打造新时代文化高质量发展典范、打造新时代意识形态安全典范。为此，中共深圳市委宣传部与深圳市社会科学联合会（社会科学院）联合编纂《深圳这十年》，作为《深圳改革创新丛书》的特辑出版，这是深圳社科理论界努力以学术回答中国之问、世界之问、人民之问、时代之问，着力传播好中国理论，讲好中国故事，讲好深圳故事，为不断开辟马克思主义中国化时代化新境界做出的新的理论尝试。

伴随着新时代改革开放事业的深入推进，伴随着深圳经济特区学术建设的渐进发展，《深圳改革创新丛书》也走到了第十个年头，此前已经出版了九个专辑，在国内引起了一定的关注，被誉为迈出了"深圳学派"从理想走向现实的坚实一步。这套《深圳这十年》特辑由十本综合性、理论性著作构成，聚焦十年来深圳在中国式现代化道路上的探索和实践。《新时代深圳先行示范区综合改革探索》系统总结十年来深圳经济、文化、环境、法治、民生、党建等领域改革模式和治理思路，探寻先行示范区的中国式现代化深圳路径；《新时代深圳经济高质量发展研究》论述深圳始终坚持中国特色社会主义经济制度推动经济高质量发展的历程；《新时代数字经济高质量发展与深圳经验》构建深圳数字经济高质量发展的衡量指标体系并进行实证案例分析；《新时代深圳全过程创新生态链构建理念与实践》论证全过程创新生态链的构建如何赋能深圳新时代高质量发展；《新时代深圳法治先行示范城市建设的理念与实践》论述习近平法治思想在深圳法治先行示范城市建设过程中的具体实践；《新时代环境治理现代化的理论建构与深圳经验》从深圳环境治理的案例出发探索科技赋能下可复制推广的环境治理新模式和新路径；《新时代生态文明思想的深圳实践与经验》研究新时代生态文明思想指导下实现生态与增长协同发展的深圳模式与路径；《新时代深圳民生幸福标杆城市建设研究》提出深圳民生幸福政策体系的分析框架，论述深圳"以人民幸福为中心"的理论构建与政策实践；《新时代深圳城市文明建设的理念与实践》阐述深圳"以文运城"的成效与经验，以期为未来建设全球标杆城市充分发挥文明伟

力；《飞地经济实践论——新时代深汕特别合作区发展模式研究》
以深汕合作区为研究样本在国内首次系统研究飞地经济发展。该特
辑涵盖众多领域，鲜明地突出了时代特点和深圳特色，丰富了中国
式现代化道路的理论建构和历史经验。

　　《深圳这十年》从社会科学研究者的视角观察社会、关注实践，
既体现了把城市发展主动融入国家发展大局的大视野、大格局，也
体现了把学问做在祖国大地上、实现继承与创新相结合的扎实努
力。"十年磨一剑，霜刃未曾试"，这些成果，既是对深圳过去十年
的总结与传承，更是对今天的推动和对明天的引领，希望这些成果
为未来更深入的理论思考和实践探索，提供新的思想启示，开辟更
广阔的理论视野和学术天地。

　　栉风沐雨砥砺行，春华秋实满庭芳，谨以此丛书，献给伟大的
新时代！

2022 年 10 月

目　　录

中篇　重点发展领域和域外经验

下篇　环境治理现代化的深圳经验

导论　工业革命、技术革新与环境治理现代化

　　人与自然的关系贯穿着人类文明的发展进程。在上古时期，由于人类知识发展水平的局限性，无法参透大自然各类现象的奥秘，于是对自然产生了深切的崇拜，我国藏族地区的民众对雪山的崇拜、南方地区的民众对妈祖的敬仰，都从侧面反映出了当人们无法理解自然、了解自然、改变自然环境的时候，有着最朴素的对自然的崇拜。随着人类文明进程的发展，人类在使用工具、掌握技术和逐步理解自然的道路上不断前行，人类和自然界之间的关系也在逐步产生着变化。中国传统文化中的二十四节气，其实就是中华大地上农耕文明的卓越成就。人类对自然规律有了进一步的理解、掌握和判断，根据时令变化，春耕秋种，描绘出一幅人与自然和谐共生的生态场景。

　　随着工业革命的爆发，人类对现代科技的掌握，彻底改变了人与自然之间的关系。可以说，在进入工业革命之前，人类面临的生态环境问题主要是自然灾害和生态系统的自然恶化，比如洪水、海啸、旱灾、沙尘暴等，人类对自然界改造的能力相对有限，因此造成的损害也相对有限。进入工业革命之后，人类面对的环境问题变得错综复杂。两百多年的工业发展史，将简单化、地方化的生态环境问题，逐步演变成系统性的、全球性的、不确定性的生态环境问题和社会正义问题。工业革命的爆发，加上资本主义生产方式的扩张，改变了人类的生产方式、生活方式和消费方式，改变了全球的自然资源配置模式，也改变了全球的生态环境问题的样态。

　　人类文明总是在曲折中前进。新的生态环境问题产生了，人类也需要想方设法去应对，从而激发了新的环境哲学和伦理学的产

生，也激发了新的环境治理技术、制度等的发展。在人与自然关系变迁的道路上，工业革命、科技发展在其中起到了非常关键的作用。

一　第一次工业革命、人类文明转向与环境治理的觉醒

工业革命是人类现代文明的重要推手。第一次工业革命始于英国，从 1765 年持续到了 1840 年，是以蒸汽机的发明和铁路的建设为代表的。历史学家也称这个时代为机械时代。这一时期，英国发展海外贸易和殖民统治，获得了非常广阔的海外市场和原材料产地，而"圈地运动"又让大量的农民流离失所，不得不进入城市寻找机遇和工作，从而为手工业提供了大量的廉价劳动力。工业革命的爆发，进一步促进了这个历史进程的腾飞。新的交通工具可以快捷、便利地运送原料、货物，新的生产机器代替了手工操作，提高了生产效率，更多的工厂吸纳了更多的工人涌入城市，这些促使英国的城市化进程大大提高。这场具有颠覆性意义的技术革命，彻底改变了劳动组织和商品生产方式，加快了资产阶级统治在英国的确立，为英国资本主义的迅速发展奠定了基础，资本主义经济模式不断扩张和发展。这种对解除封建压迫，实现自由竞争、自由贸易、自由市场的呼声，也波及了欧洲各地，甚至北美。

如果将视角转向北美大地，这时候北美土地上正在开展一场规模庞大的南北战争，而这场战争的实质就是工业革命。北方新兴的资产阶级和南方保守的种植园农场主，在生产方式和资源分配的问题上产生了巨大的分歧，于是展开了一场空前绝后的内战，诸如《飘》《冷山》等卓越的文学作品也侧面反映出了这场战争的惨烈。值得一提的是，这场战争由于有工业革命的技术支持，已然不是冷兵器时代的作战风格，机枪、左轮手枪和火车在战争中大放异彩。南北战争最终以北方的胜利告终，而奴隶制也逐步退出了北美。内战结束后，工业革命的推进让人们乐观自信，对科技的信念让他们觉得一切都会更好、更快、更强。仅在美国，战后 40 年就创造了约 40 万项专利发明。可以说，对人类自我能力的肯定和信仰以及对技

术的崇拜已经达到了顶峰。

第一次工业革命让人们意识到了掌握科技后的能量能有多大，快速的经济增长和遍地的机遇让新兴资产阶级感到兴奋。但是城市的无序发展、工业消费品浪费和工业污染的问题开始逐步显现。以工业革命起源地英国为例，此时的英格兰城市泥泞肮脏、混乱不堪。大量人口的涌入和无序、快速的城市化进程，让城市的公共卫生系统崩溃，导致各类疾病，比如霍乱的大暴发。再比如，由于城市人口的爆发式增长，城市建设和居住环境改善完全没有跟上，成千上万的人住在一个被"伦敦型烟雾"（London type smog）污染的地下室，使得这一时期英国人的呼吸系统疾病非常严重。[①]

但是当时的人们，还沉浸在征服自然的喜悦中，并未充分认识工业生产、环境污染、生态系统破坏和公共卫生问题的相关性和严重性。这一时期也相继出台了若干法律，但这些法律整体滞后、水平不高。例如，查德威克在 1832 年和 1833 年发表了两份研究报告，描述了当时英国的法律滞后问题。工业化和混乱的快速城市化已经影响了人们的生活环境和健康问题，但当时的资产阶级更关心的是工业化带来的财富，无产阶级更关心的是怎么样求生存、求温饱。城市的立法者即使意识到工业污染的危害，但仍需要权衡污染与经济利益的关系。[②] 于是对环境治理的初衷也就屈服于了对经济发展的巨大诉求。

二　第二次工业革命、公害问题与环境治理的制度发展

工业革命的浪潮一波一波向前推进，从英国的版图逐渐向欧洲和北美推进。经过了一百多年的机器化大生产，人类文明史上又开始迎接第二次工业革命。第二次工业革命发生在 19 世纪末，是以化石能源的发现和电力的使用为代表的。电灯的发明成为第二次工业革命的象征。人类科技文明史上最有名的发明家们，很

---

① 钱小平：《环境刑法立法的西方经验与中国借鉴》，《政治与法律》2014 年第 3 期。

② Beck, Ann, "Some Aspects of the History of Anti-pollution Legislation in England, 1819 – 1954", *Journal of the History of Medicine and Allied Sciences*, 1959, pp. 475 –489.

多都在这个时期崭露了头角。从通信方面的电话，到生活中不可缺少的电灯、肥皂，到交通航运中的飞机、热气球，再到影响人类艺术发展形式的无声电影，都在这个时期被发明了出来。可以说，人类的创造力，在这个时期被极大地激发了出来。这个时期，大规模生产成为可能，人类继续为自己的技术发展感到自豪。然而，随着 1912 年泰坦尼克号的沉没，人类开始重新考虑科技是否始终站在人类这一边。在此后的半个世纪里，污染事件层出不穷，各类公害事件频发，工业污染问题的普遍性更是引起了全人类的反思。①

在这个阶段，科技的快速发展，并没有消解生态环境问题对人类文明造成的冲击，反而由于污染问题的不受规制，引发了各类环境公害事件的爆发。人类已经意识到工业革命和资本主义生产方式对生态环境和人类健康的影响。在这个阶段，环境哲学开始蓬勃发展，很多哲学家、思想家和理论家开始深度反思人与自然的关系，也开始对资本主义的生产方式和运行模式展开了深度的批判。以 Gifford Pinchot 和 John Muir 为代表的思想家开始思考人类生存环境的根本问题。1915 年，思想家阿尔伯特·史怀哲提出了"敬畏生命"的概念，奥尔多·利奥波德提出了"土地伦理"。② 各国也开始颁布不同的法律来治理污染问题。③ 例如，美国于 1924 年颁布《油污法》，英国于 1956 年颁布《清洁空气法》，并于 1961 年确立了世

---

① "公害"一词来源于日语，英文对应的为 pollution 和 environmental disaster，而这个阶段的公害具体指的是由工业污染引发的环境灾难性事件。影响范围较广的是 1930 年的比利时马斯河谷工业区污染事件、1952 年的伦敦烟雾事件、1961 年日本四日市的空气污染事件、1950—1959 年的日本水俣病事件等。而国内将这段时间发生的公害事件汇集，称为"八大公害事件"。

② 周国文：《从生态文化的视域回顾环境哲学的历史脉络》，《自然辩证法通讯》2018 年第 9 期。

③ 据相关资料显示，英国能出台《清洁空气法》同其 1954 年发布的调查报告相关，该报告指出，空气污染每年给英国造成 2.5 亿英镑的损失。之前议员们关心的是适度的预防措施将给生产厂商带来的成本问题。而这次报告使得立法者们重新审视污染防治问题，发现污染同时也会造成深刻的经济影响。由此可判断，此时英国的环境法立法思想仍然在环境保护和经济发展之间徘徊。具体资料来源于 Beck, Ann, "Some Aspects of the History of Anti-pollution Legislation in England, 1819 – 1954", *Journal of the History of Medicine and Allied Sciences*, 1959, pp. 475 – 489.

界上第一个空气污染国家监控网络。①

三　第三次工业革命、全球环境风险与环境治理体系的建构

第一次和第二次世界大战，重塑了世界的样貌，"冷战"期间的军备竞赛，却也激发了各国对科技发展的巨大动力。这时候的人类，已可以上天入地、登陆月球，了解更远阔的宇宙。第三次工业革命也在战后蓬勃发展，其以计算机革命为中心，发生在20世纪60年代。

随着计算机和互联网的出现，人类世界也开始进行深度的产业改革，很多人相信，高效率的生产和互联网参与下更有序的资源分配，可以让生态环境走向可持续发展，但事与愿违，人类的用电量比前两次工业革命时更高。② 人类对自然资源的攫取、排污量，也都达到了历史高峰。同时，随着资本主义深入发展，经济全球化、工业文明深入发展，环境问题也呈现出跨界、多样、复杂的特点。气候变化、跨境河流污染、生物多样性保护、外来物种入侵等问题日趋严重。

生态环境问题不再是地方性的问题，而变成了全球性的问题。一艘万吨油轮穿越太平洋抵达纽约港，却将亚洲的外来物种鲤鱼带到了北美大地，最终使得五大湖里的鲤鱼泛滥成灾；工业国家的高耗能生产所排放的温室气体，不断加剧气候变化问题，导致非洲大地上的土壤荒漠化，农民面临着饥荒问题；湄公河的污染问题，导致沿岸泰国、缅甸、老挝、越南等多个国家的用水恐慌。生态环境问题不再是环境问题，而变成了社会公平的问题。发达国家通过产业升级和产业转移，逐步消除了国家内部的污染问题，但却把污染问题转嫁给了环境标准较低的发展中国家；发达国家为了解决国内的垃圾问题，将垃圾以相对低廉的价格出口给发展中国家进行处置；矿工由于没有受到良好的职业保护，罹患了"尘肺病"，却又

---

① 参见英国环境食品与乡村事务部官网（Department for Environment Food & Rural Affairs），https://uk-air.defra.gov.uk/networks/brief-history，2021年8月20日。
② ［日］藤原洋：《精益制造030：第四次工业革命》，李斌瑛译，东方出版社2015年版，第17页。

得不到应有的损害赔偿。生态环境问题也不再是人类力量可控的污染问题，核电的使用进一步加大了环境风险，1979 年宾夕法尼亚州"三哩岛核电站事故"、1986 年苏联切尔诺贝利核电站泄漏事件、2011 年的日本福岛核电站泄漏事故，让人们"谈核变色"。而一次次的大型油轮泄露和海底石油管道的爆破，导致了无法估量的生态环境损害。

从 20 世纪中叶以来，人们开始深刻反思人与自然的关系。与此同时，作为民权运动组成部分的环境正义运动蓬勃兴起，深化了"环境权"理论。1962 年，美国海洋生物学家蕾切尔·卡逊的经典著作《寂静的春天》出版，1972 年罗马俱乐部的《增长的极限》出版。同时，生态女性主义、代际正义、可持续发展等理论开始登上舞台，人类也逐渐从崇拜科技转向恢复价值理性。[1] 1972 年的斯德哥尔摩会议通过了《联合国人类环境会议宣言》，1992 年 6 月联合国在里约热内卢通过了《里约宣言》和《21 世纪议程》等文件。同时，各国也开始采取措施，应对气候变化问题。1997 年，《联合国气候变化框架公约》在日本京都进行了第 3 次缔约方大会，149 个国家和地区通过了《京都议定书》，力图展开全球协作，共同应对气候变化问题。后京都时代，气候变化大会也在有条不紊地展开，希望能通过气候谈判，达到碳减排的目标。

在这个时期，各国也开始加强环境法治体系的建立。以美国为例，其大部分与环境治理相关的法律、法规都在这个时期爆发性地出台。1969 年，美国颁布《国家环境政策法》，实现了环境法从污染处置到污染预防的转变，成为世界各国和各国环境立法的典范。而美国所推出的"环境影响评价制度"，更是影响了全世界将近 100 个国家的制度建设。中国的环境法治工作也在这一时期开始发展、完善和壮大。1979 年，我国颁布了第一部《环境保护法（试行）》，预示着我国环境基本法时代的到来。在接下来的几十年间，我国出

---

① 环境哲学是一种探讨人类与环境之间关系的哲学领域，伴随着西方的环境运动蓬勃发展，根据其思想逻辑和价值取向，当代西方的生态环境哲学可以分为深层生态学、社会生态学、生态女性主义等理论分支。

台了一系列的环境法律、法规和政策性文件。据统计，截至 2013年，我国已制定了 6 部污染防治法、13 部自然资源和生态系统保护法、2 部开发清洁生产和循环利用法。国务院制定了 600 多项环境管理规章，颁布了 1200 多项国家环境标准。[①]

可以说，20 世纪中后叶，工业革命和科技发展带来的新一轮的发展红利也让环境问题变得复杂多样，变得更为系统、复杂、不确定和全球化。全世界大部分国家，都开始清醒地认识到人与自然关系的重要性，也开始采取实际行动去调整人类发展的方式和对资源攫取的方式，国际间的环境治理合作开始展开，以生态环境和气候变化为展开的议题，逐渐进入了国际政治舞台。

四　第四次工业革命、技术表达与环境治理的转向

第四次工业革命的概念较为新颖，目前并没有人对第四次工业革命有一个权威的定义，但代表第四次工业革命的突破性技术大约有 20 种。[②] 这些技术跨越数字、物理和生物学领域，并具有打破数字、物理和生物学世界技术界限的技术融合的特征。主要包括了物联网技术、人工智能和机器学习、大数据、云计算、无人驾驶汽车、增材制造（3D 打印）、基因工程、神经生物学等（详见表 0-1）。人们经常将第四次工业革命，同 2011 年德国提出的工业 4.0 相混淆。实际上，第四次工业革命的目标不仅仅是工业 4.0 所指出的工业生产模式和工艺创新，还有基于人工智能的信息物理系统（CPS）的创新。可以说，第四次工业革命的面向更广泛，是涵盖技术、生产、消费、商业模式甚至人类生活方式等各个领域的革命。[③]

① 吕忠梅等：《中国环境法治七十年：从历史走向未来》，《中国法律评论》2019年第 5 期。

② ［德］克劳斯·施瓦布：《第四次工业革命：转型的力量》，李菁译，中信出版社2016 年版，第 X 页。

③ Li, Guoping, Yun Hou, and Aizhi Wu, "Fourth Industrial Revolution: Technological Drivers, Impacts and Coping Methods", *Chinese Geographical Science*, Vol. 27, No. 4, 2017, pp. 626 – 637.

表 0 - 1　　　　　　　　第四次工业革命的核心驱动技术①

技术驱动	领域
数字（Digital）	物联网 （Internet of Things，loT）
	人工智能和机器学习 （Artificial Intelligence and Machine Learning）
	大数据和云计算 （Big Data And Cloud Computing）
	数据平台 （Digital Platform）
物理（Physical）	无人驾驶汽车 （Autonomous Cars）
	3D 打印 （3D Printing）
生物（Biological）	基因工程 （Genetic Engineering）
	神经生物学 （Neurotechnology）

　　第四次工业革命虽然才刚刚开始，但已经具有鲜明的特点：速度快、规模大、范围广、系统性强。② 本书核心内容所要探讨的话题，无不在这一场声势浩大的工业革命背景之下。第四次工业革命，对能源结构、产业结构、人们的生产方式和消费方式带来的改变是深刻和彻底的，可以说，这一场工业革命会完全颠覆以往环境治理的方向、模式和路径，因为革命本身将传统环境治理的思路全都打破了。

　　目前，发达国家的环境治理体系主要围绕着两大驱动力构建。

---

　　① Li, Guoping, Yun Hou, and Aizhi Wu, "Fourth Industrial Revolution: Technological Drivers, Impacts and Coping Methods", *Chinese Geographical Science*, Vol. 27, No. 4, 2017, pp. 626 – 637.

　　② ［德］克劳斯·施瓦布：《第四次工业革命：转型的力量》，李菁译，中信出版社2016 年版，第6—8 页。

一是控制化石能源消费，优化产业结构；二是促进城市绿化进程。①
但第四次工业革命，有可能在未来将这两个驱动因素的基石完全颠
覆。比如，第四次工业革命将带来一场深刻的能源革命，如果人类
不再使用化石能源了，那么目前基于化石能源所建立起来的污染防
治体系就不再具有意义。比如说产业结构的问题，如果未来的生产
方式都不再是大规模、流水线、标准化地生产，而都是定制化、需
求化地生产，那么商品的浪费问题也有可能得到一定程度的缓解。
比如说，生产材料的问题，如果未来的新材料，都是可回收、可再
造的智慧化材料，老旧的速度更慢，重复利用的可能性更大，那么
我们对于固废处理的一套思路也将得到转变。再比如说，现在的城
市规划是在对生活区、商业区、工业区等区域功能分化的基础上设
计的，如果未来所有的人都不需要"上班"了，都是远程进行办
公，那么对城市"绿化"方面的设计，对城市的整体规划和布局，
城市本身的耗能量都会有颠覆性的改变。

实际上，第四次工业革命已经在改变着环境治理的理念、模式
和思路。大量的核心技术已在城市发展战略中开始发挥重要的作
用，无论是城市的规划建设、材料选择，还是公共服务的布局、交
通状况、垃圾分类处理等，大数据、区块链、云计算、GIS 等技术
已经在各个领域崭露头角，随着智慧城市的建设，整个城市的可持
续发展的塑造和环境治理模式的重塑，都已初见雏形。

值得注意的是，这些先进的技术对未来的环境治理和城市的发
展，又提出了具有挑战性的新议题。比如信息安全问题、环境伦理
问题等。以基因工程为例，基因编辑的新型技术将对人体的器官、
容貌、长寿和健康产生重大的影响，人类将以什么面貌出现，怎样
成长，平均年龄会有多大，这都值得深层次探讨。如果一个城市里
的大部分人都可以活到 120 岁，那么城市所容纳的人口的规模、这
些人员的流动性、所应提供的公共服务、在此基础上所探讨的环境
公共产品的提供，都将完全不一样了。再以 AI 技术为例，机器人索

---

① 薛澜、张慧勇：《第四次工业革命对环境治理体系建设的影响与挑战》，《中国人
口·资源与环境》2017 年第 9 期。

菲亚已成为世界上第一个机器人识别公民。① 这个颠覆性的案例就需要各个国家去探索，我们在"人"的基础上建立起来的制度设计，要怎样适应新的情势？制度设计中，"公民"的内涵和外延到底包括了什么？这些基础性的问题都将被再提起和深度探讨。

戴维在《公共行政的语言——官僚制、现代性和后现代性》一书中曾指出，工业文明的基本特征是"社会关系的非人化，计算技术的精密化，专业知识的社会重要性的增强，技术理性对自然与社会过程控制的蔓延"②。这一句简单的总结，完美诠释了工业革命和新技术对人类社会发展的影响。由于技术分工的不断细化和科技发展的尖端化，社会和城市的发展对技术的依赖性越来越强。我们所期待的第四次工业革命浪潮下的科技发展带来的环境治理革新，也可能反扑人类文明，让人类发展陷入工具理性的泥沼当中。

第四次工业革命带来的变革是系统性的，也是深刻的，同时也是需要警惕的。无论是新能源、新材料的研发或是基因工程的发展，都可能对地球的生态圈造成不可挽回的损害。比如 2018 年我国出现了全世界第一例基因编辑婴儿事件，在科学伦理界产生了巨大的震动。在资本驱动的社会发展进程中，怎样通过法治手段对非伦理或者伦理模糊地带进行规制，是摆在我们面前的深刻问题。再比如制造业的新发展问题，在第四次工业革命的大背景下，美国倡导制造业回归美国本土，2009 年美国奥巴马政府发布了"制造业回归"战略，在 2011 年发布了"先进制造业合作伙伴关系"（Advanced Manufacturing Partnership，AMP）计划，特朗普政府的一系列举措均鼓励制造业的回归，而新上任的拜登政府所推动的"购买美国货"等经济政策也在持续鼓励制造业的回归。那么，作为制造业大国的中国，将如何应对？除了以上提到的问题，虚拟现实的兴起

---

① 索菲亚（Sophia）是由香港的汉森机器人技术公司（Hanson Robotics）开发的类人机器人。她的研发旨在学习和适应人类的行为、与人类一起工作，并在世界各地接受采访。2017 年 10 月，索菲亚成为沙特阿拉伯公民，她是世界上第一个获得国籍的机器人。以上资料内容来自维基百科 https：//zh. wikipedia. org/wiki/%E7%B4%A2%E8%8F%B2%E4%BA%9A_（%E6%9C%BA%E5%99%A8%E4%BA%BA），2019 年 12 月 30 日。

② ［美］戴维·约翰·法默尔：《公共行政的语言——官僚制、现代性和后现代性》，吴琼译，中国人民大学出版社 2005 年版，第 6 页。

可能还会主张网络暴力，加重社会的精神创伤，造成社会割裂等。

　　本书探讨的环境治理现代化，其实质是基于第四次工业革命的大背景下的环境智慧化治理、大数据治理和依托新技术的环境治理的机制体制和制度创新的问题。党的十八大以后，我国将生态文明建设提升到国家战略高度，党的十九大报告中更是明确指出，建设生态文明是中华民族永续发展的千年大计，必须树立和践行绿水青山就是金山银山的理念，坚持节约资源和保护环境的基本国策。随着第四次工业革命、大数据时代的到来，世界各国都在探寻新的技术路径提升生态环境领域的治理能力，我国在这方面的实践也正逐步展开。2015 年 7 月，国务院办公厅印发《生态环境监测网络建设方案》；同年，环保部出台了《环境保护部信息化建设项目管理暂行办法》；2016 年，"十三五"规划将大数据确定为国家战略；2016 年 3 月，环保部印发《生态环境大数据建设总体方案》；2017 年，中共中央办公厅、国务院办公厅印发《关于深化环境监测改革提高环境监测数据质量的意见》；2019 年，工信部联合生态环保部等 8 部委印发《加强工业互联网安全工作的指导意见》。可以说，大数据时代的先进科技为我国的环境治理的现代化提供了重要的"技术支撑"，比如，环评后评价和环境影响预警的提出及环评基础数据库的建设都离不开环境监测大数据的支持；在环境执法中，大数据实现了动态环境监测和精准执法；在生态环境修复中，大数据实现了长期跟踪资源破坏和生态环境污染的修复状况。

　　"技术支撑"的实质是一种技术赋能，但是如果缺乏战略性眼光，缺乏系统完善的制度体系，技术本身所应发挥出来的效应将受到极大的限制。在现有的政府管理体制下，很可能形成环境信息的壁垒和部门分割，给大数据治理的基础、信息化的治理造成障碍。先进技术的使用，如果没有规范化、标准化的制度回应，也很可能造成新一轮的技术风险。同时，新技术所引领的新媒体、新的信息传播模式和政府与公众的信息交互模式，也将改变环境治理的思路。进行环境监测、开展环境信息传播、进行环境决策的主体，在新的语境下都会产生变化。

　　本书希望对以上问题做初步的探讨和理论构建，同时立足深圳在环境治理现代化领域的探索和创新，探讨在大数据时代，怎样能让政府依托技术更好地提升自身的环境治理能力，怎样能战略性地开展环境治理，怎样能让环境政策的制定真正惠益于民，让公众享有科技革命带来的福祉，而不是造成更大的社会风险和社会割裂。

上　篇

科技赋能与环境治理现代化

第一章 科技发展与环境治理现代化

环境治理作为一个现代概念，并不是一开始就进入人类文明的视域当中，但是怎样与自然和谐相处、怎样因地制宜、怎样按照时令耕种、怎样按照风水的概念修建房屋，却是古来已有，这些朴素的生态智慧贯穿了人类文明进程。人类进入工业文明之后，环境污染的问题日益严峻，公害事件的频发让人们开始制定各式各样的法律法规和政策，规制污染排放，也开始制定各式各样的规则对资源的有效利用、开发，对生态环境的保护进行规制。就这个意义而言，科技发展带动了工业文明，但也加重了环境问题的严峻性。随着环境问题的不断升级，科技也开始进入环境治理领域，比如说清洁生产的技术、绿色节能的技术、清洁能源的技术。到了近几十年，科技的发展开始不断助力环境治理领域，实现治理能力的跨越式提升。而到了近十年，随着第四次工业革命浪潮的到来，大数据等先进技术也开始涌入环境治理领域，发挥着不可替代的重要功能。

第一节 大数据时代的环境治理

一 环境治理之道的演进与逻辑

1979 年我国颁布第一部《环境保护法（试行）》，环境治理自那个时候起，就已正式纳入国家发展战略当中。40 多年的发展历程，我国不论是在环境治理的法律体系建设、环境执法部门的机构建设还是在环境司法领域的探索方面，都取得了一定的成绩。特别是党的十八大以来，我们在水污染治理、大气污染治理、区域间的联防联控等方面，都取得了长足的进步。但值得注意的是，虽然我们在制度建设和污染防治方面取得了一定的成就，但是现实中中国的环境质量与人们的预期还存在一定的差距。因此，探索一条更为行之有效的治理道路，实现环境治理的现代化，切实改善环境质量，是值得思考的问题。

传统的环境治理主要采用三种政策工具。第一种是"命令—控制"型政策工具，这也是我国长期以来最为普遍的一种环境治理政策工具。这是一种结合政府的强制手段，依靠法律法规的自上而下的环境规制方式，比如行政处罚、行政许可等。但是完全依托政府的环境规制，也往往要面临政府失灵的情况。比如府际竞争所导致的地方政府降低环境标准展开招商引资，比如政府之间权责不清导致的"九龙治水"。①

第二种是"经济刺激"型政策工具，这其实是一种依托市场的政策手段，例如环境补贴、绿色信贷。碳排放交易市场、排污权交易市场等，都是希望通过将"排放权""排污权"做市场价值的匹配，通过市场交易的方式，开展更有效率的减排。但是市场激励的措施，也会面临市场失灵的情况。环境产品具有公共物品的属性，环境产品的产权界定有时候很难明晰，排污的责任也很难明确，这都会导致外部性问题无法内部化，或者产生"公地悲剧""搭便车"问题，市场化的手段不能时时刻刻发挥作用。

第三种是"环境信息"型政策工具，其实质是通过环境信息的公开，鼓励公众参与，影响环境政策发展过程，并通过建立环境组织，推动一种自下而上、多中心、多渠道的环境治理。随着国民素质的提升，国民对于环境权的诉求也日益提升，对清洁的空气和清洁的水等良好环境公共产品的需求日益提升，国内的环境公众参与，不论是在深度上还是在广度上，都在迅速发展。但是由于我国

---

① 以长江流域治理为例，长江的治理涉及的行政部门繁杂，如水利、城建、国土、环保、渔业、林业、航运、卫生等，这些部门分别管理水利资源、防汛抗旱、城市供水排水、水生物保护等，但是部门之间往往缺乏协调，责任不明确。2021年3月1日，《中华人民共和国长江保护法》正式实施，是我国第一部有关流域保护的专门立法，也是为了破解"九龙治水"的困境。

长期以自上而下的环境规制方式为主导，在环境治理的问题上容易形成路径依赖，环境公众参与的政策手段，目前在我国尚未发挥出其应有的效应。

可以说，我国环境治理的历史是一个以"自上而下"的环境规制逐步走向多元、多中心、多手段、多路径环境治理的发展史。党的十八大以来，我国将生态文明作为战略发展的高度进行建构，"绿水青山就是金山银山"的理念也逐步深入人心，探寻更为有效的环境治理政策工具和手段，拓展环境治理的深度、维度和广度迫在眉睫。

二　智慧城市建设与环境治理

（一）智慧城市的提出与"城市病"的解决

2008 年，IBM 公司首次提出智慧城市（Smart City；Intelligent City）的概念，认为智慧城市的核心是以一种更智慧的方法利用新一代的信息技术来改变政府、公司和人们的交互方式，以提高交互的明确性、效率、灵活性和响应速度。自此，随着全球城市化的飞速发展和物联网、互联网、大数据、云计算等技术的跨越式发展，智慧城市建设成为全球城市文明发展中的一颗璀璨新星。像纽约、巴黎、东京、新加坡等国际性城市，也纷纷加快智慧城市的建设进程，期望以新的城市发展战略，破解城市困境，实现城市可持续发展。日本东京在 2016 年提出了"超智能社会/社会5.0"，英国伦敦在 2018 年 6 月提出了"共创智慧伦敦路径图"（The Smarter London Together Roadmap），致力于将伦敦建设为全球最智慧的城市。① 美国纽约在 2019 年 4 月推出了"One NYC 2050"战略，其目标是将纽约打造成一个强大和公平的城市，以应对当今城市面临的气候变化等问题。② 智慧城市建设的战略目标，是实现"经济—社会—生态"的全面可持续发展，以满足居民生活的安全

---

① 参见伦敦市政厅官网，https：//www. london. gov. uk/what-we-do/business-and-economy/supporting-londons-sectors/smart-london/smarter-london-together，2020 年 3 月 30 日。

② 参见 One NYC 2050 官网，http：//onenyc. cityofnewyork. us/about/，2020 年 3 月 31 日。

感和幸福感。① 智慧城市的提出和被追捧，其实质是为了解决当前城市化进程中城市所面临的各式各样的问题。

城市本身是一个不能自给自足的消耗型的载体，城市需要大量的物资以有效运行，而在这个运行过程中，其不仅要消耗大量的外部资源，自身还会产生不计其数的垃圾，这使得城市在可持续发展的道路上本身就面临着逻辑上的困境。同时，城市本身具有复杂性和脆弱性，现代的城市电路、水路、网路错综复杂，任何一个分支出现问题都会给城市的生存带来极大的影响。如果一个城市一个星期停电、停水，或者一个星期无法开展垃圾回收工作，都将导致不可估量的损害，看似设计精良和运行精密的城市，其却有着比乡村脆弱许多的本质。另外，随着全球经济的不断发展，超级跨国公司和经济的全球一体化将资本主义的运行逻辑带到了世界的每一个角落。以扩大再生产而不断攫利的资本主义生产方式，势必将消费主义的思潮也播撒在全球各地。奢侈、浪费逐渐成为城市贵族的生活方式，人类对资源的欲望和需求又上升到了另外一个高度。而随着全球人口的暴增和经济的集约化发展，城市逐渐从小到大，不断扩张，出现了人口超过 1000 万的超大城市（megacity），目前全球有近 50 个超大城市。这些超大城市的出现为城市的生存和发展增添了新的难题，比如垃圾处理、资源利用、城市规划等。

城市的规划者、政策的制定者们在探索用各式各样的方法来解决这些"城市病"。当第四次工业革命来袭，运用科技手段解决城市的脆弱性问题和发展困境，自然成为这些政策精英的关注重点。而智慧城市的发展理念、模式和未来的发展目标，让城市规划者们纷纷感受到了问题解决的路径和未来城市发展的方向。

（二）我国的智慧城市建设与环境问题解决新路径

据 2021 年国家统计局第七次全国人口普查的主要数据显示，目前我国人口共 141178 万人，居住在城镇的人口为 90199 万人，占 63.89%，与 2010 年相比，城镇人口增加了 23642 万人。政府计划在未来十年进一步提升城市化进程，目标是城市人口在全国总人口

---

① 许庆瑞、吴志岩、陈力田：《智慧城市的愿景与架构》，《管理工程学报》2012年第 4 期。

中所占的比重达到 70%，在数量上达到 9 亿人左右。在不远的未来，中国的大部分人口都将居住在城市当中。

但当我们仔细审视城市的发展现状时，又不得不担忧这些城市的未来。污染排放和经济发展是一组正向相关的关系，作为制造业大国，经济的正向快速发展，势必导致各类污染排放的增加，这也是我国环境治理所面临的难以破解的结构性问题，即在仍以制造业为主导的经济发展模式下，怎样真正实现环境的可持续发展。而城市作为我国经济快速发展的重要载体，其不可避免要面对一系列的环境问题，比如大气污染、水污染、固废污染、光污染、噪声污染等。同时，在生态保护方面，我国的很多城市也面临着土壤退化、耕地减少、生物多样性减少等问题。随着气候问题的日益严峻，极端天气频发，我国很多城市都面临着与气候变化问题对抗的困境。一场千年难遇的大暴雨可能就会让城市交通系统瘫痪；一场百年难遇的台风就可能让整个城市停工停产。

因此，怎样找寻到一条道路，可以让城市发展得更有韧性，降低脆弱性，实现可持续发展，成为城市规划者们的关注重点。我国的智慧城市建设就是在这样的大背景下展开的。依靠科技，通过技术赋能，解决"城市病"，优化城市内的资源配置，实现城市的高效内部运营。2015 年，智慧城市首次被写进了国家政府工作报告。截至 2015 年 4 月 7 日，国家住建部和科技部先后公布了三批国家智慧城市试点名单，多达 290 个。如果加上国家工信部、科技部、发改委所确定的智慧城市相关试点数量，目前我国智慧城市试点数量已经接近 800 个（其中部分城市有重叠）。

表 1-1　　国家各政府部门出台的与智慧城市试点相关的政策

试点时间 （年）	政府部门	相关政策	试点数量 （个）	
2012	住建部	国家智慧城市试点（第一批） （建办科〔2012〕42 号）	—	90

续表

试点时间 （年）	政府部门	相关政策		试点数量 （个）
2013	科技部	智慧城市技术和标准试点 （国科办高〔2013〕52号）	—	20
	住建部	国家智慧城市试点（第二批） （建办科〔2013〕22号）	新增试点	103
			扩大试点	9
	工信部	国家信息消费试点（第一批） （工信厅信函〔2013〕701号）	—	68
	国家测绘 地理信息局	智慧城市时空云平台试点（第一批） （国测国发〔2012〕122号）	—	10
	工信部	基于云计算的电子政务公开平台试点示范 （工信信函〔2013〕2号）	—	77
2014— 2015	住建部	国家智慧城市试点（第三批） （建办科〔2015〕15号）	新增试点	84
			扩大试点	13
			专项试点	41
	工信部	国家信息消费试点（第二批） （工信厅信函〔2014〕639号）	—	36
	国家测绘 地理信息局	智慧城市时空云平台试点 （第二批）	—	10
	发改委	信息惠民国家试点城市 （发改高技〔2014〕46号）	—	80
	工信部、 发改委	2014年度"宽带中国"示范城市 （城市群）（工信厅联通〔2014〕5号）	—	39
	工信部、 发改委	2015年度"宽带中国"示范城市 （城市群）（工信厅联通〔2015〕65号）	—	39
	国家发改委	宽带乡村试点工程 （发改办高技〔2014〕1293号）	—	6
	工信部	国家信息消费示范城市	—	25
2016	工信部、 发改委	2016年度"宽带中国"示范城市 （城市群）（工信厅联通〔2016〕40号）	—	39
2020	工信部	国家信息消费示范城市	—	11
总计				800

根据《全球智慧城市支出指南》（"IDC Worldwide Smart Cities Spending Guide"）公布的数据显示，截至 2020 年，中国在智慧城市方面的市场支出规模将达到 259 亿美元，较 2019 年同比增长 12.7%，成为仅次于美国相应支出的第二大国家。①

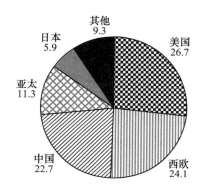

图 1-1　2020 年全球各区域智慧城市市场规模占比（%）

同时，国家近年来也出台了一系列的政策，支持和引导智慧城市、电子政务、智慧化治理的建设与发展。2012 年国家出台《国家电子政务"十二五"规划》，2014 年出台《关于促进智慧城市健康发展的指导意见》，2015 年出台《促进大数据发展行动纲要》，以应对大数据时代的新形势。这一系列文件将政府的信息化建设工作摆在了政府工作的重要位置。作为政府重要职能之一的环境治理，在大数据时代也面临机遇与挑战。环境的智慧化治理成为新型的环境治理方式，作为最为基础的环境信息化政策工具也成为大数据时代有力的环境治理工具。

2015 年 7 月，习近平总书记在中央全面深化改革领导小组第十四次会议上首次明确指出，要推进全国生态环境监测数据联网共享，开展生态环境大数据分析。此次会议通过了《环境保护督察方案（试行）》《生态环境监测网络建设方案》等多项关于生态文明

---

① IDC 官网：《全球智慧城市支出指南》，https：//www.idc.com/getdoc.jsp？containerId = prCHC46693520，2021 年 10 月 15 日。

建设的政策。随后，国务院印发《促进大数据发展行动纲要》，环保部于 2016 年印发了《生态环境大数据建设总体方案》。这些成为大数据时代智慧化环境治理的政策基石。到了 2017 年，中共中央办公厅、国务院颁布了《关于深化环境监测改革提高环境监测数据质量的意见》，要求"加强大数据、人工智能、卫星遥感等高新技术在环境监测和质量管理中的应用"。2018 年 12 月，国务院办公厅印发《"无废城市"建设试点工作方案》，提出"实现固体废物手机、转移、处置环节信息化、可视化"。2019 年 4 月，住房和城乡建设部、生态环境部、国家发改委联合发布《城镇污水处理提质增效三年行动方案（2019—2021 年）》，提出"依法建立市政排水管网地理信息系统（GIS）"。2020 年 6 月，生态环境部发布《关于在疫情防控常态化前提下积极服务落实"六保"任务　坚决打赢打好污染防治攻坚战的意见》，提出"推动生态环保产与 5G、人工智能、工业互联网、大数据、云计算、区块链等产业融合，加快形成新业态、新动能，拉动绿色新基建"。

表 1 - 2　大数据时代智慧化环境治理的支持性政策文件梳理

年份	发文单位	政策名称
2012	国家发改委	《"十二五"国家政务信息化工程建设规划》
	国家工业和信息化部	《国家电子政务"十二五"规划》
2013	国家工业和信息化部	《基于云计算的电子政务公共平台顶层设计指南》
2014	国家发改委、工信部、科技部、公安部等八部委	《关于促进智慧城市健康发展的指导意见》
2015	国务院办公厅	《生态环境监测网络建设方案》
	中央全面深化改革领导小组	《环境保护督察方案（试行）》
	国务院	《促进大数据发展行动纲要》《关于积极推进互联网 + 行动的指导意见》
	国务院	《关于促进云计算创新发展培育信息产业新业态的意见》

续表

年份	发文单位	政策名称
2016	环保部	《生态环境大数据建设总体方案》
	国家发改委	《"互联网＋"绿色生态三年行动实施方案》
2017	中共中央办公厅、国务院	《关于深化环境监测改革提高环境监测数据质量的意见》
2018	国务院办公厅	《政务信息系统整合共享实施方案》
	国务院办公厅	《"无废城市"建设试点工作方案》
2019	住房和城乡建设部、生态环境部、国家发改委	《城镇污水处理提质增效三年行动方案（2019—2021年)》
2020	生态环境部	《关于在疫情防控常态化前提下积极服务落实"六保"任务　坚决打赢打好污染防治攻坚战的意见》

　　智慧城市的建设核心，即利用先进的技术保持城市的生态、资源和社会的可持续发展。城市中的水资源利用、垃圾的循环利用、危险废物的处理、城市的生态安全、城市应对气候变化和突发自然灾害等都归属于城市的环境治理问题。在智慧城市建设的大背景下，高科技赋予了这些环境治理的领域更新颖和更有效率的内涵。所有的环境治理的内容在数字化的年代都变成了信息的存在，而智慧化的环境治理成就了新时代的环境治理现代化。

三　大数据时代环境治理的概念与内涵

（一）大数据的特征与环境治理

　　大数据来自互联网络、社交媒体、移动应用程序、政府部门数据、商业交易与公共记录中的个人数据而形成的商业数据、地理空间数据、各类调查、物联网数据、卫星遥感数据等。[①] 大数据的分析方法具有的巨大优势，来自它改变了传统的抽样调查分析处理方法，采用全样本数据展开分析。因此，大数据具有数据容量海量性（Volume）、数据处理的高速性（Velocity）、数据类型多样性（Vari-

---

[①]　魏斌等编著：《生态环境大数据应用》，中国环境出版集团2018年版，第6页。

ety）和商业价值性（Value）的特点。目前，大数据技术已被广泛运用到各个行业当中。大数据技术的加入，为"互联网＋"各类新兴行业的快速发展，提供了技术基础，也为政府的电子政务、应急管理、公共服务提供等领域做出了卓越的贡献。随着大数据技术的深入发展，其也开始逐步渗透到传统的环境治理领域，这种建立在海量数据的收集、整理、分析和应用基础上的治理方式，是一场深刻的环境治理变革。

（二）大数据时代环境治理的技术路线

大数据时代的环境治理，从某种意义而言，是大数据治理在环境领域的应用。大数据治理在本书中指代的并不是仅仅依靠大数据的一种技术，其囊括了如物联网、云计算、3S、人工智能、5G等一系列的先进技术。而这些技术的运用和融合发展，其基础是对生态环境信息的收集、传输、分析和应用。

在信息化建设层面，这种环境治理体系的建设主要分为四个层面，第一个层面是"感知层"。城市并不像人一样具有感知力，无论是刮风下雨还是季节变换，城市本身无法向我们传递出信息，为了让城市能像人类一样具有感知力，于是我们给城市安装了摄像头、传感器、数据采集仪这些基础设施，这样城市就可以通过这些感知设备，向我们传达信息。比如某个区域开始下大暴雨了、某个区域山体滑坡了，又或者是某个区域的碳排放量明显提升了，传感器就可以将信息传递出来。第二个层面是"网络层"，包括了通信网、物联网和互联网。感知层是帮忙城市感受，网络层是帮助城市把这些感受传递出去。"数据"并不是一个有形物，不能通过可见的交通运输方式将其传递，数据有数据传递的通道，就是网络层。第三个层面是"信息处理层"。当这些海量的数据汇集到一起的时候，是一种全样本的、碎片化的、杂乱无章的数据样貌。如果不针对这些数据展开具体的分析，那么数据本身的价值也无从体现，这个时候"信息处理层"的重要性也就显露了出来。现在很多城市想要打造的"大数据中心"，其实质就是信息处理层。第四个层面是"应用层"，数据中心将数据分门别类进行模型分析后，最终要走向应用。而环境治理的数据应用，就包括了环境规划决策、排污监测减排、环境预测预警、环境舆情引导等诸多方面。

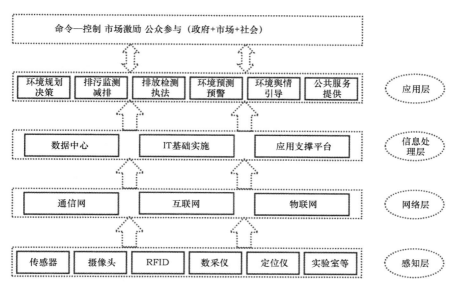

图1-2　大数据时代环境治理的技术路线图

（三）大数据时代的环境治理的概念和内涵

目前对大数据时代的环境治理、智慧化环境治理、大数据环境治理这类概念，并没有一个权威的定义。目前与这个概念比较相近的概念是"智慧环保"。姚新、刘锐、詹志明等都对智慧环保给予了不同的定义。[①] 循着这些概念的内核，可以总结出一些关键要素：第一，智慧环保是以新一代的技术为基础的应用，这些技术包括了物联网、云计算、卫星遥感、地理信息系统、IT等。第二，其关键点是将生态环境信息进行全面感知和深度融合，并通过对数据的深度挖掘和分析进行环境治理。第三，智慧化的终极目标是实现环境治理的精准化、科学化和便民化。

[①]　姚新等：《智慧环保体系建设与实践》，科学出版社2018年版，第5—20页；刘锐等：《智慧环保建设评价指标体系研究》，《中国环境管理》2018年第2期；詹志明：《"数字环保"到"智慧环保"——我国"智慧环保"的发展战略》，《环境保护与循环经济》2012年第10期。

虽然大数据时代的环境治理和智慧环保有着非常类似的内涵和外延，但是智慧环保更着力于技术的描绘和具体的应用，而环境治理更强调的是治理方式的升级和转型。笔者认为，大数据时代的环境治理，其基础是利用数字技术、信息技术和虚拟现实技术等手段，将海量、碎片化、无序的生态环境大数据进行挖掘和整理，最终实现政府环境治理能力的提升和现代化。但大数据时代的环境治理的价值目标不限于此，在信息公开、共享和传递、应用的过程中，这种新型的环境治理方式，可以打破环境治理的权力边界，重塑政府的环境权力样貌，提升市场和公众在环境治理中的效应，最终实现政府、市场和社会的多元共治，通往秉承着以"以人为本"为价值目标的生态文明。

四　生态环境大数据与环境治理现代化

（一）生态环境大数据的概念

国务院 2016 年发布《生态环境大数据建设总体方案》，其中对"大数据"进行了明确的定义："大数据是以容量大、类型多、存取速度快、应用价值高为主要特征的数据集合，正快速发展为对数量巨大、来源分散、格式多样的数据进行采集、存储和关联分析，从中发现新知识、创造新价值、提升新能力的新一代信息技术和服务业态。"基于这个概念，生态环境大数据是一个规模庞大的涉及生态环境各项要素的集合，是为生态环保决策问题提供服务的大数据的集合、大数据技术和大数据应用的总称。[1] 建设和发展生态环境大数据的目标，是推动我国的环境管理转型、提升环境治理能力。

（二）生态环境大数据的特点

正如前文所述，维克托在《大数据时代》一书中指出，大数据具有数据容量海量性（Volume）、数据处理的高速性（Velocity）、数据类型多样性（Variety）和商业价值性（Value）的特点。生态环境大数据也具有以上大数据所具有的普遍特征，同时还具有高复杂性、多维度、高不确定性的特征。[2]

---

① 蒋洪强等：《生态环境大数据研究与应用进展》，《中国环境管理》2019 年第 6 期。
② Guo, Huadong, et al., "Scientific Big Data and Digital Earth", *Chinese Science Bulletin*, Vol. 59, No. 35, 2014, pp. 5066 – 5073.

1. 生态环境大数据的高复杂性

从数据种类来看，生态环境数据类型多样，结构复杂，其基础数据来自于气象、国土、农业、林业、环保、交通、水利等领域的众多部门，而这些部门的数据格式多样、标准规范也并不统一，整合起来相对复杂与困难。生态环境大数据自身的这种复杂性、多样貌和多层次性，也使得数据的感知、表达、理解和计算等多个环节面临巨大挑战。[①]

2. 生态环境大数据的多维度

生态环境大数据的来源十分广泛，它们来自环保、水利、农业、国土、气象等多领域的多个部门，可以通过各类环境监测设备进行感知，还可以通过卫星遥感、人工检查、举报电话、微博、微信等途径获取。包括基础的国土自然资源、生态环境信息，也包括反映公众环境需求、环境舆情的信息，还包括政府相关的环境管理的政务信息。而在这些信息当中，有关生态环境和自然资源的基础信息，又是动态和历史信息相结合的。由于生态系统的结构和作用，造成了大量的空间和时间上的非均匀性，其主要特点是流动的，因此，对其进行实时、持续的观察是非常必要的，必须把新的动态数据与历史资料相融合，从而挖掘出更多的有用的信息。[②] 因此，生态环境的数据信息，拥有更多维度。

3. 生态环境大数据具有高不确定性

由于生态环境领域的各类监测系统的精度质量参差不齐，或者监测点的客观设置等原因，会降低生态环境大数据的确定性、客观性和稳定性。同时，不同的传感设备，导致即使来源于同一部门的数据格式也多样化。[③] 生态环境大数据虽然是客观数据，但是由于和采集、获取的路径相关，和生态环境自然条件的差异性相关，因此也存在一定的不确定性。

---

① 蒋洪强等：《生态环境大数据研究与应用进展》，《中国环境管理》2019 年第6 期。

② 汪先锋编著：《生态环境大数据》，中国环境出版社 2019 年版，第 76 页。

③ 蒋洪强等：《生态环境大数据研究与应用进展》，《中国环境管理》2019 年第6 期。

五　大数据时代环境治理的逻辑

生态环境问题相较于其他社会问题更具有复杂性。生态环境问题具有系统性，但是传统的环境治理具有"各个击破"的特征，哪里出了问题，即对哪里进行修补，但也很难从整体上把握生态环境问题。"综合生态系统管理"的概念一直被重申，但是却限于政府、市场和公众的有限互动，限于政府内部由于科层制管理、府际关系产生的部门壁垒，很难得到真正的实现。大数据时代的到来，通过对信息数据的全局把握，实现了治理方式的智慧化、环境决策的科学化、治理模式的协同化、环境治理目标的精准化，通过整体性、动态性的治理逻辑，逐步推进多元共治的格局。

（一）大数据治理的逻辑

大数据时代的新型环境治理，是技术赋能的一种新路径，作为内核为信息治理的模式，其首先应遵循大数据治理的逻辑。大数据提供的数据庞大、高质量、全方位，而大数据及其相关技术，可以将看似毫无关联的碎片化的数据整合分析。大数据治理的逻辑意味着治理数据的全样本，治理决策的模型化和科学化。大数据的出现使得政府治理角色可以从搜集者走向分析者，走向"数据＋模型＋分析"的决策路径。

（二）整体性治理的逻辑

大数据时代的基本特征之一，就是信息的整合与共融，因此整体性治理是大数据时代新型环境治理所遵循的基本逻辑之一。这种治理模式，需要部门之间的信息整合，摒弃部门壁垒的桎梏，实现更为有效的信息沟通，从分散化的治理，逐步走向权责统一的、部门协同的、区域协同的整体性治理。而在环境领域，意味着对各种资源要素的统筹治理和对各项环境治理职责的统筹。例如，中国在2019年成立了生态环境部，组建新的环境治理行政部门的核心就是实现对各类部门职责的统筹，摒弃以往"九龙治水"的情形。新的生态环境部提出"五个打通"，包括打通地上地下、岸上和水里、陆地和海洋、城市和农村、一氧化碳和二氧化碳。即将分散在发改委、国土、农业、海洋、水利等各个部门的监管职能合并在一起，重塑环境监管的力量。

（三）动态性治理的逻辑

传统的环境治理模式，很多是以静态的政策发布和实施为主线，通过法律法规和政策的规制，形成一种自上而下的治理。而在大数据时代，移动互联网、物联网、人工智能等技术赋予了环境治理新的功能，即可以从海量数据中辨识和提炼出环境问题的根源、公众的需求，开展前瞻思考。并且可以在数据分析的过程中，反复思考，重新设计和定位相关的环境治理政策。同时，可以根据公众的需求，及时开展对话和回应，形成一种新型的动态治理流程。比如本书第八章涉及的深圳雾霾治理的案例，深圳运用了动态治理的理念，在 2018 年推出了为期三年的"深圳蓝"可持续行动计划政策中，每一年通过对雾霾污染源数据的分析，设定新的精细化治理目标定位，不断调整环境政策。

第二节　科技发展与环境治理的技术应用

一　大数据时代的环境治理技术

（一）物联网技术

物联网（Internet of Things）是通过 RFID（Radio Frequency Identification）系统、红外传感器、全球定位系统、激光扫描仪等信息检测设备，按照约定的协议交换和通信信息，对物品提供智能识别、搜索、跟踪、监控和管理的网络系统。[①] 换句话说，物联网就是在感知系统中安装物体，通过感知系统构建网络，实现物体之间的通信。当人们通过自我意识相互交流时，物体通过传感器形成"自我意识"，可以通过物联网交换信息。根据《环境物联网》（HJ929-2017）的定义，环境保护物联网是指以信息技术构建，用于获取和应用环境质量等环境数据的物联网。

利用物联网技术建立污染源自动化监测系统可以实时监测工业

---

① 金江军、郭英楼：《智慧城市：大数据、互联网时代的城市治理》，电子工业出版社 2016 年版，第 12、38 页。

生产过程中排放的污染物 COD 等关键指标，可应用于工业污染源自动监测、核辐射自动监测、大气污染自动监测、江湖水质自动监测等。例如，2010 年，太原市国土资源局利用物联网开发了基本农田保护系统，将基本农田的每一部分、每一次私人开挖调查、任意采点都接入互联网，实现全天候联网监控。[①] 再比如，广东省深圳市龙华区建设的"智慧龙华"水环境综合管理平台一期工程主要采用 NB-Lot 物联网技术进行数据传输。智慧龙华物联网平台已全面上线，包括空气、水、消防、路灯、斜坡、危化品企业、污染物企业等 10 大类、23 万多台前端传感设备，用于综合监测，全面掌握全天候和全区域的运行情况和指标，实现物联网识别全貌。[②]

但是，物联网的核心技术现在主要在欧美、日本等发达国家。我国拥有自主知识产权的核心技术和产品很少。同时，IPv6 地址资源的严重匮乏限制了我国物联网技术的应用和发展。

（二）云计算技术

根据美国国家标准与技术研究院的定义，云计算是可随时通过网络轻松按需访问的可配置计算资源（网络、服务器、存储、应用程序、服务等）的共享。允许以最少的成本控制或与服务提供商的交互来快速配置和释放资源。云计算是一种以服务为特征的网络计算。它以新的商业模式提供高性能、低成本、连续的计算和存储服务，以支持各种基于信息的应用。[③]

云计算对政府电子政务有着广泛的影响。该技术的应用可以改进传统的机房建设模式。政府可以基于云计算建立统一的大型机房建设模式。这样可以显著减少机房人员的数量和硬件设备的运维成本。同时，对政府网站进行统一建设、统一管理、统一运营，构建智能环境治理体系，是智能环保云平台的核心技术之一，可为政府环保工作提供信息化支持。例如，贵州省从 2016 年开始积极推出

---

① 金江军、郭英楼：《智慧城市：大数据、互联网时代的城市治理》，电子工业出版社 2016 年版，第 49 页。

② 李菁：《深圳龙华实现环境全要素统一监管》，http://www.xinhuanet.com/energy/2019 - 12/12/c_1125338061.htm，2021 年 5 月 10 日。

③ 易建军主编：《智慧环保实践》，人民邮电出版社 2019 年版，第 25 页。

"环保云"项目，包括施工环境自动监测云、环境地理信息云、环境公共应用云、环境移动应用云、监督政府云等。项目将对贵州 37 个监测点的地表水水质、32 个国控监测点的空气质量、454 种主要污染物的排放进行监测，并将数据上传到"云端"。同时，环保部门实现了应用的一站式部署。该项目还通过公共应用程序展示贵州的环境质量、环境监测和公共互动信息，这是政府、企业和公民的移动互联网云技术桥梁。①

环境治理现代化的深圳实践案例一

环境污染强制责任保险信息平台②

深圳保监局和深圳人居委于 2008 年 12 月，选定了 13 家危废经营单位开展试点，推动环境强制责任保险制度。2021 年，深圳出台

深圳环境污染强制责任保险首批投保签约仪式③

① 易建军主编：《智慧环保实践》，人民邮电出版社 2019 年版，第 36—37 页。
② 案例资料来源：生态环境部官网《深圳发布环境污染强制责任保险实施办法 "绿色保险" 成为法定险种》，https：//www. mee. gov. cn/ywdt/dfnews/202107/t20210722_849503. shtml，访问时间：2021 年 10 月 5 日。
③ 图片资料来源：徐烜和《为绿水青山加上 "保险杠"，深圳版环境污染强制责任保险来了》，https：//new. qq. com/rain/a/20210728a0f0z100，2022 年 7 月 15 日。

了《深圳市环境污染强制责任保险实施办法》，明确环境高风险企业必须投保环境污染强制责任保险。同时，深圳市生态环境主管部门会同银行保险监管部门构建联合监督管理机制，建立环境污染强制责任保险信息平台，实现信息共享和统一管理。投保单位、保险公司应通过信息平台报送投保、承包保、风险管理和理赔信息。该保险信息平台的运行，让保险服务更便捷，对深圳环境污染强制责任保险的普及化起到了重要的推动作用。

（三）移动互联网技术

移动互联网是移动通信技术与互联网的结合，手机的移动通信系统通过终端接入互联网，用户可以随时随地便捷接入互联网，获取丰富的信息资源。[①] 移动互联网也是当下最为贴近民众生活的一类技术。随着智能手机的大规模推广，移动互联网技术的应用拥有了数量庞大的载体。据相关数据显示，目前我国的手机用户数达到了9.5亿，远超世界上任何一个国家的手机用户规模。这些手机成为移动互联网的强大载体，不断推进移动互联网技术的新发展。同时，移动互联网技术也大大促进了我国移动电子政务的发展，提升了行政人员的行政效率，改变了行政方式，提升了治理能力的现代化。比如，相关的办公人员可以解除对办公网络的绑定，环境执法人员可以通过移动设备获取执法任务进行现场执法，同时通过位置报告、证据通知、信息核实、现场检查、备案、签名打印等方式进行现场移动执法、电子归档，完成执法任务。[②]

（四）大数据技术

大数据是一个术语，指的是对传统数据处理应用程序不适用的大型或复杂数据集。大数据技术是指能够从不同类型的数据中快速检索出有价值信息的能力，包括大型并行处理（MPP）数据库、数据挖掘电网、分布式文件系统、分布式数据库、云计算平台等，适

---

① 金江军、郭英楼：《智慧城市：大数据、互联网时代的城市治理》，电子工业出版社2016年版，第72页。

② 中国环境网：《环境监察移动执法系统》，https://www.cenews.com.cn/subject/2018/sckjtbbd/a/201809/t20180911_884720.html，2021年10月15日。

用于大数据技术。大数据技术在智能环境治理中的应用非常广泛，这点已在前文详细探讨过，此处不再赘述。

环境治理现代化的深圳实践案例二

深圳大鹏的生态环境动态监测系统①

2017 年开始，深圳大鹏新区开始展开生态环境动态监测系统建设，总投资为 3000 万元，该系统借助大数据、云计算等先进技术，整合各类生态环保资源，构建出可视化、多维度的生态环境动态监测系统。其主要实现了以下六个方面的突破。

1. 率先建成全国首个区县级全要素监测网络

创新"驾驶舱"形式，应用大数据、云计算技术，建成了含水、气、声、土壤、海水、污染源、电磁辐射等多元素一体的生态环境监测网络，并同步共享市海洋等部门的在线监测数据，构建了海陆空一体和市区联动的生态环境全要素监测体系。

2. 率先开展区县级机动车尾气在线监测

强化机动车尾气治理，利用机动车尾气遥感监测技术，对车辆尾气实现实时在线监测，及时发现高排放车辆，实现对超标车辆的重点管控。

3. 率先开展安装区县级电磁辐射监测

开展高压走廊电磁辐射在线监测，探索电磁辐射对周边环境造成的各类影响，填补了相关生态环境数据空白。

4. 全市率先实现海滨浴场细菌在线监测

该系统选取相关海滨浴场，率先开展细菌在线监测，并自动通报水质检测结果。

5. 创新生态修复思路

基于生态环境动态监测系统的大数据平台，利用卫星遥感进行数据识别，对裸露地块进行治理，并实现动态管理，形成裸露地块

① 案例资料来源：雷雨若、唐娟主编：《社会治理的"先行示范"：深圳实践》，重庆出版社 2020 年版，第 180—186 页。

分布动态数据库。

6. 率先建立生态环境保护监测信息共享机制

依托该平台，将生态环境数据与综合执法、城管、城建、海洋、交警等部门共享，协同推进查违、自然资源资产核算、珍稀物种保护等工作，加大数据资源开发与利用，开展大数据关联分析。

（五）空间信息技术

空间信息技术主要包括遥感（Remote Sense）、全球定位系统（Global Position System）和地理信息系统（Geographic Information system），称为 3S 技术。其中，遥感技术（RS）就是通过探测物体在地表的电磁波反射和物体发射的电磁波，提取这些物体的信息，完成对物体的远距离识别。全球定位系统（GPS）的基本原理是卫星不断地发送信息，用户接收到这些信息后，计算接收者的 3D 位置、3D 方向、行进速度、时间信息。[①] 地理信息系统（GIS）可以存储、分析和表示现实世界中各种对象的属性信息，可以处理和表示事物的地理空间分布中的空间关系。

3S 技术在环境治理中的应用包括环境质量监测、污染防治与管理规划、生态环境规划与监测、环境影响评价、环境灾害监测、全球环境问题监测、生态环境分析、主题图制作等。例如，GPS 技术可以提供连续的、实时的 3D 位置、3D 速度和时间，可以随时定位和测量，而不受天气或气候的影响，并且可以在环境监测管理平台上精确定位污染源和放射源的位置。全球定位技术可用于帮助环境监测和管理平台在远离正常位置时发出警报。另一个例子是 GIS 技术。它利用地球的信息系统，在分析地球表面状况的过程中，提供有关水土流失、森林砍伐和沼泽消失面积的准确数据，帮助政府机构分析生态环境。[②] 青海遥感中心应用 "3S" 技术对青海周边主要

---

① 金江军、郭英楼：《智慧城市：大数据、互联网时代的城市治理》，电子工业出版社 2016 年版，第 120 页。
② 冯广明：《3S 技术在智慧环保领域中的应用》，《河南科技》2013 年第 5 期。

地区进行了勘测，迅速了解了该地区土地利用和覆盖现状，为政府规划决策、资源开发和环境保护提供了数据。上海开发了采用"3S"技术的环境应急热线系统。该系统利用 GIS 技术搜索和识别污染源，结合 GIS 和 GPS 技术进行警务指挥导航，利用 RS 技术获取地面信息。[①]

环境治理现代化的深圳实践案例三

深圳土地管理的"天地网"[②]

一直以来，深圳着力推进国土资源规划领域的科技创新。深圳的规划土地数字监察平台"天地网"，走在全国前列。"天地网"于 2011 年 11 月正式启动，融合了 3S 技术、4D 技术、地址编码、基础测绘、固定视频、无线通信、影像识别和物联网等先进技术，由 14 个子系统和 1 个数据库组成，是一个体现"第一时间、第一现场、第一责任"的数字化平台，具有违法判定智能化、监察过程透明化、应急反应快速化的特点。对规划土地违法行为采用全方位的监测查处手段，建立了"天上看、地上管、网上查、视频探、群众报"五位一体的立体监控技术支撑体系。

（六）人工智能

人工智能是一门高度复杂的技术科学，研究和开发用于模拟和扩展人类智能的理论、方法、技术和应用系统，包括认知科学、系统科学等学科。基于人工智能的技术发展为机器人带来"智慧"，使其可以完整地学习和进化，为环境监测、环境治理、环境应急管理等环保应用提供精准、智能的决策建议。微软在 2017 年推出"人工智能地球"计划，希望为农业、水资源、生物多样性和气候

---

① 易建军主编：《智慧环保实践》，人民邮电出版社 2019 年版，第 41 页。

② 案例资料来源：车秀珍等《深圳生态文明建设之路》，中国社会科学出版社 2018 年版，第 71 页。

变化四个领域的问题提供可持续的解决方案。[①] 2017 年，国务院印发《新一代人工智能发展规划》，将人工智能提升为国家战略，指导我国新一代人工智能发展的基本思想、战略目标和重点任务，并提出保障措施。

人工智能技术一直以来都是受到各界关注的技术，对机器人智慧的探讨，对 AI 技术应用和所产生的科技伦理问题的探讨，一直在科学界是热门话题。2017 年，香港汉森机器人技术公司所开发的机器人索菲亚，也历史性地获得了公民身份，更是引起了人们对于人工智能技术应用的大探讨，一系列的影视剧作品都审视了人工智能技术将对未来人类文明产生的影响。

（七）5G 技术

5G 作为第 5 代移动通信技术，是继 4G 之后的新发展。这是最新一代的蜂窝移动通信技术，具有低功耗、低延迟和互连等特性，在速度、延迟和功耗方面都得到了新的改进。[②] 在环境治理领域，5G 技术在污染源监控、环境执法、环境应急等领域都将起到较大的影响。5G 技术可以让监控实现远程操作，比如对工厂的扬尘和秸秆焚烧问题的监控，可以通过 5G 技术用无人机进行巡视，比人工监控更精准；再比如对移动放射源的监控，可以通过车载终端进行实时的定位、预警和追溯。

（八）区块链技术

区块链技术也是近年来非常火爆的一项技术，区块链技术的应用，对全球的金融和货币体系的重构，也产生了深刻的影响。简单而言，区块链是一个去中心化的数据库系统，具有去中心化、信息不可篡改、公开透明、信息可追溯、智能合约自动执行等技术优势。在环境治理领域，区块链技术可以帮助解决数据篡改和造假的问题。如果单纯依靠互联网技术，会引发环境治理中心化、数据篡改等问题。在区块链技术的帮助下，数据欺诈和伪造将变得困难。

---

① 刘国伟：《人工智能＋大数据　智慧环保未来很惊艳》，https://www.163.com/dy/article/E64RBM5M05258M2T.html，2022 年 1 月 3 日。

② 李培君、单吉祥：《5G 在环保信息化中的应用分析》，《电脑知识与技术》2019 年第 32 期。

以环境监测领域为例，如果相关的监管数据原先是由特定机构管理，那么很难有第三方机构对数据进行跟踪和监控，但是区块链技术可以使得整个数据运营过程透明化，从而降低污染监测和处置成本。①

二　大数据时代的环境治理技术应用

（一）环境战略的智慧化规划与决策

在大数据时代，先进的技术为城市的战略发展和城市规划注入了新鲜的血液和鲜活的力量。大数据技术为城市各类复杂信息的收集和汇总提供了基础，也为碎片化、复杂化数据的分析和应用提供了可能。而可视化平台的建立，让各类政策决策者对城市的规划、发展和未来有了更为清晰的认知。可以说，大数据等技术的发展，给城市规划和城市的战略发展翻开了新篇章。

（二）环境污染的智慧化监测与减排

政府的环境规制最重要的工作之一就是环境监测。智慧化的环境治理大大提升了政府环境监测的能力，在线实时监测和对后台大数据的分析整理，破解了原来环境执法难于取证、环境监测执法人员不够等诸多问题。对环境监测数据的整理和分析，也可以为未来城市环境政策提供有价值的参考。在烟雾控制等领域，智慧化的系统也起到了非常显著的功效。

2015 年，国务院办公厅印发《生态环境监测网络建设方案》，其中指出，到 2020 年，全国生态环境监测网络基本覆盖环境质量和主要污染源。根据《2020 年中国生态环境报告》，我国对全国337 个地级以上城市进行空气质量监测。水域方面，地表水源监测断面（点）598 个，地下水源监测点 304 个，集中式饮用水水源地等 902 个监测断面（点），这些监测点的安装，对促进我国生态环境质量的改善起到了重大作用。2019 年，生态环保部按照"大监测、大生态"的理念，首次将海洋、地下水、排污口、水功能区、农业面源等要素纳入，这些环境监测系统的建设和完善离不开大数

---

① 徐卫星：《区块链技术有助于消除数据造假》，《中国环境报》2019 年 11 月 1 日第 7 版。

据、物联网等技术。

（三）环境标准的制定与环境执法的智慧化

环境问题很大程度上是一个科学问题，需要一些标准化的科学判断，环境标准就是给予这种判断的一个规则。我国在过去很长时间内的环境标准的制定过程当中，存在区域标准不统一、行业标准不统一、部门标准不统一的情况，这些基本规则制定的差异化，直接导致了跨部门、跨行政区划的环境治理联防联控的障碍。但是依托大数据等先进技术，可以从海量的数据库中挖掘出有效信息，基于此制定更为标准化和科学的环境标准，并通过系统合作，将各部门、各地域的环境标准标准化，这项工程在没有这些技术之前，显得十分艰难，但是有了这些技术助力后，可实现的路径便拓宽了很多。

同时，大数据等先进技术，在环境执法环节也发挥出了无与伦比的功能，将原来无法实现实时化、在线化、远程化、智能化的环境执法路径变成了可能。人工执法可以被机器替代，不仅提升了环境执法效率，也拓宽了环境执法的边界，同时也解决了执法人员不足的问题。

（四）环境治理中的智慧化预测和预警

生态环境预测分析是环境治理的重要组成部分，在全球气候变化预测、生态网络观测与模拟、区域大气污染控制、环境风险管理等方面取得了较好的效果。[1] 以空气质量预警为例。到目前为止，预测的准确性有限，主要依靠过去天气和空气质量监测数据的统计处理。在大数据技术的支持下，空气质量预警数据库包括区域地形特征、气象观测数据、空气质量监测数据、污染数据等。[2] 此外，重度荒漠化地区水文、植被、降水等数据库的建设，有益于有效评估环境退化演化规律，准确把握地表植被环境退化规律，可为土地荒漠化防治提供科学证据。[3]

同时，这些技术还可以有效提高环境预警和环境应急管理水平。

---

[1] 汪自书等：《我国环境管理新进展及环境大数据技术应用展望》，《中国环境管理》2018 年第 5 期。

[2] 常杪等：《环境大数据概念、特征及在环境管理中的应用》，《中国环境管理》2015 年第 6 期。

[3] 谭娟等：《大数据时代政府环境治理路径创新》，《中国环境管理》2018 年第 2 期。

环境预报预警关系到应急能力的总体规划。智能治理是指环境事件发生后，智能管理平台快速响应，提供来自不同部门的信息综合分析和实时报告，全面识别突发事件的变化过程，提高政府的应急响应能力。① 另外，智能平台还可以通过信息公开、实时发布等方式实现应急处理，减少信息不对称造成的灾后损失。

环境治理现代化的深圳实践案例四

深圳盐田区"互联网+"垃圾分类

深圳盐田区自 2012 年正式启动垃圾减量分类试点改革。经过多年的探索，盐田区已构建出"源头分类、专车专运、分类处理和智能监管"的垃圾减量分类处理完整链条，形成了"四个全覆盖"的管理体系。采用前端、终端、末端的分类方式，进行智能化垃圾分类，取得了非常大的成效。

深圳市盐田区垃圾减量分类在线监管平台②

---

① 常杪等：《环境大数据概念、特征及在环境管理中的应用》，《中国环境管理》2015 年第 6 期。

② 图片来源于深圳市盐田区城市管理和综合执法局官网：《盐田区垃圾减量分类在线监管平台智能监管全覆盖》，http：//www. yantian. gov. cn/ytcsglj/gkmlpt/content/5/5930/post_5930178. html#17937，2022 年 7 月 15 日。

为实现对垃圾分类的前、中、后端有效管理，盐田区构建了智能化物联网监管系统，开发"互联网＋分类回收"大数据监管平台和手机App 监管平台，采用视频摄像、RFID 射频识别、GPS 定位、4G 无线传输、GIS 地理信息系统等技术手段，对全区所有涉及垃圾分类的人员、设施、设备、车辆等赋予数字信息，对收运处理进行全过程监控和记录，实现随机统计查询和动态监管，防止垃圾偷运、非法外运等现象发生，构建起全链条、无死角、全过程智能化监管体系。

（五）生态环境舆情的核准与引导

传统环境舆情监测的弊端显而易见，这些舆情数据的来源往往模糊，舆论信息可能虚假夸大，环境管理部门对这些数据难以直接使用。然而，智能系统可以进一步监控和验证舆论，提高环境管理部门的效率。[1] 比如近年来，国内的环境邻避事件不断，其中有很大一部分的原因来源于谣言。出于对政府的不信任，耸人听闻或者非黑即白的一些环境信息反而不胫而走。依托高新科技，对环境舆情进行监督，可以快速有效地查找到谣言的源头。同时，依托环境信息平台，将环境信息进行更全面地公开，也有利于引导公众行为。

（六）生态环境公共服务的提供

大数据时代的环境治理的目标是实现城市的可持续发展，而"人"在城市可持续发展中的位置可谓重中之重。随着经济的不断发展，民众对于环境权的诉求越来越高，对环境权益保障的要求也越来越高，怎样可以更高效地为公众提供他们所需的环境公共服务，是可以留住"人"，让城市充满活力的重要路径之一。大数据时代的环境治理在这个层面上，可以为广大公众提供更为精准和个性化的环境公共服务。例如，美国空气质量监测数据根据公众的需求和兴趣，推出了空气质量系统（AQS）、空气质量比较系统（Air Compare）、空气趋势（Air Trends）等近 10 个不同的公共系统。[2]

① 肖如林等：《基于互联网与遥感的网络环境舆情联动监控技术应用》，《环境与可持续发展》2016 年第 2 期。
② 傅毅明：《大数据时代的环境信息治理变革》，《中国环境管理》2016 年第 4 期。

再比如，我国依托新技术所开展的电子政务服务。企业和公司可以线上开展环保审批服务，避免"多窗口、多部门、多跑腿"的困扰，提高了环保审批服务的便利性。

环境治理现代化的深圳实践案例五

深圳"回收哥"O2O分类回收平台

2015 年，深圳首个分类回收平台"回收哥"上线，该平台利用手机 App，微信和网站，打造资源聚集、资源交易、资源受益的 O2O 电子商务模式，主要回收废纸、废塑料、废电池、大家电、小电器、废灯管、破铜烂铁 7 大类电子废弃物。市民可以通过订单预约线下的回收小哥上门，开展资源回收活动。"回收哥"的广泛使用为城市的循环经济发展和垃圾回收贡献出了重要的力量。

第三节 大数据时代"环境智理"的优势

大数据时代的环境治理，是对传统环境治理理念、方法、路径的升级。在环境治理理念方面，是从单一的政府规制逐步走向共建共享共治的环境治理理念，治理理念更加开放和包容；在治理技术上，其所依靠的大数据、互联网、云计算等技术可以赋能政府和企业，对复杂的环境数据和问题展开更为精细化、精准化的分析，做到环境决策不再以"拍脑袋"的方式解决。当然，这种技术优势也需要以辩证的态度面对，任何环境治理仍然是"以人为中心"的，要谨防技术赋能重新将我们陷入科技崇拜的陷阱。

一 从经验式判断走向科学决策

（一）从抽样到全样本：提升了环境数据本身的准确性

大数据之所以叫作大数据，是由于其环境信息与数据收集方式与以往的各种数据收集方式有着很大的区别。常规的数据收集方法相对并不完善，以抽样的方法对数据资料进行分析，其精度和准确度都有限，均会出现一定的误差。因此在传统的数据分析过程中，"方法"显得非常重要，这都是为了能降低数据分析的误差。生态环境大数据本身是一个完整的数据集，数据量大、质量高、非常全面，这个分析系统是将可搜集到的一切环境数据都放在池子里面展开分析，甚至看上去毫无关联度的数据也可以进行整合，没有了抽样的误差，也自然提升了环境数据的准确性。

（二）从科层制传递到直接获取环境信息：提升了环境信息获取的精确性

传统的环境信息和数据主要是依靠政府部门层层传递来完成的，但是信息和数据在传递的过程中，往往会有不同程度的遗失。同时，如果基层政府隐瞒或者虚报，上一级政府要对数据信息进行核查的成本较高，也就会导致这些数据和信息的准确度受限。

但是进入大数据时代后，环境数据和信息的传递方式，彻底打破了需要依靠政府和官僚部门的传统，这些数据和信息的传递不再是层层上传的间接方式，而是通过一个公开共享的数据的打造，任何获得许可的部门和单位都可以直接进入获取直接信息，这大大降低了环境数据的权力寻租和作假的空间。以秸秆焚烧的治理为例，由于缺乏精准的数据分析，地方政府往往束手无策，但随着新技术的介入，环保部门可以利用遥感卫星技术、远程监测秸秆燃烧的烟点，直接对其进行查处。①

（三）从难于研判到大数据统筹：逐步实现环境标准统一化

环境治理的关键要点之一，是对有关排污指标、污染监控指标的标准化建立。在实践中，我国颁布了一些规范性文件，如《空气质量监测规范（试验）》《空气质量评价技术规范（试验）》《空气质量指数（AQI）技术规程》《空气质量指数》《预测与预警方法技术导则》《大气颗粒物来源分析技术导则》等，但这只是相关标准

---

① 张可：《全省前天出现74处秸秆焚烧点集中在苏中苏北，环保部门已紧急约谈当地政府》，《扬子晚报》2013年6月19日第A16版。

的一部分。① 大部分环境标准，还存在着部门割裂、地区差异和行业的差异性。随着大数据等技术的融入，对海量而纷杂的环境标准进行标准化建设，对环境数据和信息进行收集、分类、分析，并建立在模型分析之上的更为科学的环境标准，就成为可能。

（四）从经验判断走向以数据说话：提升环境决策的科学化

大数据时代的环境治理，最标志性的特征之一就是用数据说话，用数据说话意味着任何的问题发现、对策处理不再是基于经验判断，而是建立在"数据＋模型＋分析"的决策路径上的。这种数据说话，更为客观、透明，也更为科学。比如对某个常年违法排污企业的惩治，不再是基于零碎的现场执法的结果，而是基于全流程、实时的环境污染排放指标。

（五）从短期利益到常远发展：提升地方政府决策的可持续性

由于传统环境管理体系中缺乏对环境数据的采集和计算，地方政府往往采用现行的损益法进行经济发展，实际包括计算相关的环境和资源成本、经济发展成本，难度很大。即使政府在做决策时，将生态环境效益计入成本，也往往计算的是生态环境的经济效益，其生态功能效益往往被忽视。② 这其中根本的原因，是在当前的官员考核机制下，地方政府和官员更倾向于有显示度的经济效益，地方的可持续发展往往就被置于相对靠后的位置。但是随着官员考核体系的改革，像 GEP 这种可将生态功能做价值判断的考核机制进入官员考核系统之后（本书第十章对 GEP 核算制度有详述），将扭转地方官员的决策方式，做出更有利于城市可持续发展的决策。而其中起到关键作用的，也是大数据等先进技术，因为没有这些技术的助力，GEP 核算体系也很难实现。

二　从被动型治理走向主动预防型治理

生态环境问题的重要特征就是复杂性和不确定性，因此预防原

---

① 詹志明、尹文君：《环保大数据及其在环境污染防治管理创新中的应用》，《环境保护》2016 年第 6 期。

② 熊德威：《发展大数据，构建环境管理"千里眼、顺风耳、听诊器"》，《环境保护》2015 年第 19 期。

则一直是环境问题解决的重要原则之一。但在实践中，由于无法全面掌握环境信息，缺乏对环境问题的系统性认知和预测，因此我们很难真正做到"风险防范"。在真的面对问题的时候，往往我们又陷入一种被动治理的困境。比如一艘载满石油的轮船漏油了，需要花费巨额的人力和物力去清理油污；一个化工厂爆炸了，污染了水源，需要紧急启动环境应急措施抢救。但是科技的加入，有可能在一定程度上转变这种被动式治理的局面，这些高新技术可以从大量看似零散、不相关的环境数据中进行精细挖掘，预测环境生态的发展趋势，预判生态环境风险的产生。

（一）通过对环境信息的分析，对环境风险进行预测

传统的环境信息数据往往是孤立的，缺乏具有群体特征的数据，而且混乱，而大数据技术采集的环境数据是海量而全面的，即使是零散且看似无关的数据也可以通过技术整合。我们收集的数据越多，我们就越有可能预测环境风险。大数据技术收集各种环境指标监测器监测到的空气含尘量、云量变化、自然气候的微小变化等数据，通过云计算等技术，可以获得大量与环境质量相关的数据，处理环境质量数据以实现环境质量预算。[①] 例如，在雾霾治理方面，大数据技术收集历史雾霾监测数据，进行雾霾预测预警大数据分析，实现雾霾预发布，制定应急预案，防范雾霾风险。微软开发的基于大数据的空气质量预测模型可以在 48 小时内预测现有站点的细粒度空气质量。[②]

（二）通过对环境类舆情的监督，对环境风险进行预测

环境风险大数据的预测能力不仅体现在分析环境生态信息本身的能力上，还体现在环境舆情的管理上。以 2009 年的互联网巨头谷歌为例。以网络健康问题查询为信息检索的切入点，成功发现甲型 H1N1 流感的位置，及时向公共卫生部门发布预警。同样，政府部门可以通过舆论和关键词获取来分析公共环境事件发生的概率。

随着我国经济的快速发展和城市化进程，政府面临的环境问题

---

① 彭爱华：《浅析大数据在环境治理领域的运用》，《资源节约与环保》2016 年第 7 期。

② 朱京海等：《大数据何以助力环保？》，《环境经济》2015 年第 CZ 期。

也越来越复杂，每天处理的环境信息量是巨大的。如果还依赖传统的手工加工方式，将无法适应现实生活。大数据时代的环境治理中的智慧是指智能解决问题的方法，将劳动力从环境治理领域解放出来，通过环境治理的智能系统解决问题。

三　从人工治理走向技术治理

（一）从现场执法到在线监控的转变：提升环境执法能力

随着社会的发展，政府面临的环境监测工作越来越复杂，范围也在不断扩大。将人工执法留给有限的执法团队是不可能适应现实世界的环境问题的。例如，辽宁省环保数据系统记录各级环保督察270 人，每月录入 11000 条数据，人工完成难度很大。但是，将大数据技术应用于环境管理系统后，可以通过智能系统实现对环保网络的集中监控，避免了很多需要现场人工执法的情况。比如，在全国很多地方都建立了 GIS 和自动化监控平台，工作人员可以在地图上直观地展示基本污染源信息、实时监控数据、3D 模型和视频图像，指挥系统的应用可以显著降低人力成本，实现环境执法能力现代化，提高环境执法能力。

（二）从人工分析到系统分析：解决环境治理中的难点

大数据时代的环境治理，同时指的是系统本身对环境问题的分析和解决。以目前我国城市的垃圾分类工作为例，通过大数据等技术，可以建立一个政府主导的企业和公众共同参与的废物管理系统。地方政府分析现有垃圾产生量和垃圾种类作为基础数据，形成具有实践性和引领性意义的城市生活垃圾分类政策体系，利用大量数据进行垃圾分类，可建立垃圾管理数据体系，分析公众参与情况、垃圾组成部分的总量和比例，以及废物处理设施和人力资源的合理配置。[①] 这对于传统的人工方法或传统的信息分析方法是很难实现的。

---

① 陈潭等：《大数据时代的国家治理》，中国社会科学出版社 2015 年版，第139 页。

环境治理现代化的深圳实践案例六

深圳"河务通"①

深圳为解决水环境、水安全、水生态等一系列问题，于 2017 年 6 月提出建设全市"智慧河道"管理系统，搭建信息管理共享平台，开发"河长制"管理应用软件，区、街道负责建立区域信息管理系统，与全市"智慧河道"管理系统对接。

"河务通"系统是在"河长制"工作实践中充分结合深圳市河道管理需求的前提下建设的现代化信息管理平台。系统通过建设市、区共享的环水信息资源库和多级联动的智慧管控平台，以"制度+责任+科技"手段，采用物联网、GIS、大数据、微服务等技

市级河长网络部署②

① 案例资料来源：陶韬、曾庆彬、黄容《河务通系统在"河长制"实践中的应用》，《人民珠江》2020 年第 8 期。

② 图片来源：陶韬、曾庆彬、黄容《河务通系统在"河长制"实践中的应用》，《人民珠江》2020 年第 8 期。

术，系统构建市、区、街道、社区四级河长责任体系、监管体系和技术体系，实现深圳市河道"全面监管、巡办分离、智慧管控"。"河务通"系统为国内首创面向河流巡管的智慧管理系统，彻底实现了从"河长制"到"河长治"的转变。

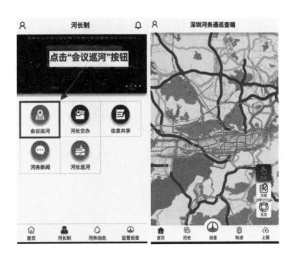

河务通系统管理界面①

本章小结

科技发展与环境治理是一组相辅相成的概念。科技发展所引领的工业革命，彻底改变了人与自然之间的关系，给生态环境带来了前所未有的重负，也由此让"环境治理"这一概念进入了人们的视野；另一方面，科技发展也一步步在优化环境治理的技术，提升环境治理的水平和能力。大数据时代的环境治理，通过大数据、物联网、云计算、区块链、人工智能等一系列技术，赋能于环境治理，在环境战略规划、环境监测和减排、环境标准制定、生态环境预测、环境舆情监测和引导、生态环境公共服务等领域均发挥出了不可替代的效能，大大提升了环境治理的能力。同传统的环境治理相比，大数据时代的环境治理是对传统环境治理理念、方法、路径的升级，在环境治理理念方面，是从单一的政府规制逐步走向共建共享共治的环境治理理念，治理理念更加开放和包容；在治理技术上，其所依靠的大数据、互联网、云计算等技术可以赋能政府和企业，对复杂的环境数据和问题展开更为精细话、精准化的分析，实现了从经验判断到科学决策、从被动型治理走向主动预防性治理、从人工治理走向技术治理的重大转变。当然，这种技术优势也需要以辩证的态度面对，任何环境治理仍然是"以人为中心"的，要谨防技术赋能重新将我们陷入科技崇拜的陷阱。

第二章 大数据时代环境治理面临的变革

大数据等先进技术的发展已经让人类社会进入了一个崭新的时代，数字经济为产业升级和智能制造打开了一扇大门，大数据所进入的智慧医疗、智慧生活等领域为民众提供了更为便捷的公共服务，这些都极大地改变了传统的社会经济发展模式和民众的社会生活方式。在此基础上，传统的政府治理模式也遭到了极大的冲击，而归属传统政府职能之一的环境治理，也面临着一系列的结构性的变革。

第一节 科技发展与环境治理的结构性变革

2016 年在达沃斯举行的第 46 届世界经济论坛年会的主题是"掌控第四次工业革命"。可以说，大数据和第四次工业革命是这个智能时代的标签，这些高新技术对人类文明的方方面面都在产生着深刻的影响，而环境治理也是其中的一环。在大数据时代到来之前，大部分国家的环境治理体系是由控制化石能源消耗、优化产业结构、促进城市绿化进程等一系列制度构成的，我国的环境治理的基本策略也非常相似。但是最新的这些高新技术，将从能源结构、产业结构、材料的使用、信息传递和交互方式等各个方面，深刻改变原有环境治理的基本思路。

一 能源、产业结构性问题的重构与破解

中国的环境治理问题，一直受到能源结构、产业结构等几座大

山的困扰，难以走出结构性陷阱。中国是一个以煤炭为主要能源的制造业大国，重工业也依然在产业结构中占据非常庞大的比例，在能源和产业结构的前提下，环境治理很难从源头将问题化解。但是如果只是依靠"头痛医头、脚痛医脚"的方式构建环境法律、法规，对环境违法行为进行规制，并不能系统地、整体地、战略性地解决我国的环境问题。随着大数据时代的到来，第四次工业革命中的这些新技术，将以意想不到的方式破解我国环境治理的结构性困境。

（一）新能源将破解化石能源的污染桎梏

自第二次工业革命以来，人类对化石能源的开发和利用彻底改变了社会面貌。然而，化石能源是一种不可再生能源，总有消耗殆尽的一天。据相关数据显示，现有的全世界石油存储量还可以供应40年，煤炭可以供应150年，天然气可以供应60年。[①] 因此，人类必须在化石能源消耗殆尽之前，找到替代能源，很多国家也都展开了能源革命，以支持国家的可持续发展，相关清洁能源和新兴能源的技术开始迅速发展，并在各个领域崭露头角。近年来，太阳能发电与石油/煤炭的成本差距已缩小了约1/3；而电动汽车、太阳能电池板、太阳能电池的技术进步将进一步降低成本；[②] 风能技术、新的、更安全、施肥量更少的核电站、允许海藻分泌生物柴油的生物技术和易燃冰矿技术也在不断突破。[③] 终有一天，新能源将彻底替代化石能源，而围绕着化石能源开发和使用所展开的环境治理体系，必将进行重构。

（二）重构"攫取—制造—废弃"的线性资源使用模式

传统的生产模式，简单而言是一种"攫取—制造—废弃"的线性资源使用模式，任何一种产品的生产过程，都需要生产资料，大部分的产品也有老旧和被废弃的一天。但是新技术的采纳可能会彻

---

① ［日］藤原洋：《精益制造030：第四次工业革命》，李斌瑛译，东方出版社2015年版，第9页。

② ［日］藤原洋：《精益制造030：第四次工业革命》，李斌瑛译，东方出版社2015年版，第23页。

③ 薛澜、张慧勇：《第四次工业革命对环境治理体系建设的影响与挑战》，《中国人口·资源与环境》2017年第9期。

底改变传统的工业生产和产品消耗模式。比如，新材料的推出将彻底颠覆对原本工业废弃物的处置问题。一些新材料具有自我修复和清洁能力，一些金属具有记忆和恢复能力。[①] 像石墨烯、PHT 等新材料已经开始进入人们的视线。试想如果大部分的工业品被新材料所替代，那么循环经济的发展将成为可能。

另外，这些新技术还会优化整个产品生产流程，比如使用物联网和智能资产来跟踪材料和能源流，可以提高整个价值链的资源利用率，可以帮助企业延长资产和资源的使用周期，提高使用效率。[②] 如果大部分企业的资产和资源使用周期延长，那么废弃物的产出量也就会大大减少。

（三）从扩大再生产走向定制化消费

在《消费社会》一书中，鲍德里亚对资本主义的生产方式和消费方式进行了定义。他认为，在资本主义生产和消费方式下，激发人们的欲望，扩大人们的消费能力，是资本家最为关注的问题。只有扩大再生产才能获得利润，社会最终会以奢侈和浪费的方式消费剩余产品。[③] 但在第四次工业革命浪潮下，新技术将彻底重塑社会生产和消费方式。3D 打印、人工智能技术等将为消费者带来定制化服务，技术的个性化将重组从生产者到消费者的价值链结构。[④] 个性化产品省去了剩余的批量生产。同时，工业 4.0 可以预测生产哪些产品，而不会产生废品或浪费材料。[⑤] 智能工厂实现的智能制造使工厂能够生产多种产品并实现大规模定制。[⑥] 另一方面，3D 打印技术彻底改变了传统的"减材制造"方式。3D 打印是从分散的材

---

① ［德］克劳斯·施瓦布:《第四次工业革命：转型的力量》，李菁译，中信出版社 2016 年版，第 18 页。

② ［德］克劳斯·施瓦布:《第四次工业革命：转型的力量》，李菁译，中信出版社 2016 年版，第 69 页。

③ ［法］鲍德里亚:《消费社会》，刘成富、全志钢译，南京大学出版社 2014 年版。

④ Monostori, László, "Cyber-physical Production Systems: Roots, Expectations and R&D Challenges", *Procedia Cirp*, Vol. 17, 2014, pp. 9 – 13.

⑤ ［日］尾木藏人:《工业 4.0：第四次工业革命全景图》，王喜文译，人民邮电出版社 2017 年版，第 61—108 页。

⑥ ［日］尾木藏人:《工业 4.0：第四次工业革命全景图》，王喜文译，人民邮电出版社 2017 年版，第 61—62 页。

料开始，使用数字模板创建物理对象，并逐层打印以进行"增材制造"，整个生产过程是从无到有的增材过程，大大减少了"边角料"的废弃。

当然，值得说明的是，虽然工厂与定制化生产的互联互通提高了生产效率，实现了生产环节的损耗，但目前无法预测这种新的生产方式是否会刺激新一轮的过度消费。

二　环境权力的重构与调整工具的整合优化

（一）环境权力内在张力的消解

在中国，环境治理主要依靠政府"自上而下"的环境规制展开，政府希望通过这只"看得见的手"，将生态环境这种"公共物品"的外部性问题得以解决，破解环境问题解决的市场失灵问题。但是在实践中，地方政府却往往会有一些利益的偏好，或因利益集团的"利益捕获""利益合流"等因素，并不能总是公平公正地代表公共利益，政府在这种情境中也会面临政府失灵的尴尬局面。[①]实际上，多年来环境影响评价制度的困境，环境问题的地方保护主义，都因为"政府锦标赛""压力型体制""府际关系"等而存在。[②] 不论在理论界还是实务界，我们都期盼着"权力制约权力"，"权利制约权力"两个框架的有效运行能让环境法的实施得以保障。因此，环保局一路升格到如今的生态环境部，环境司法专门化一路推进，环境公益诉讼不断发展，环境的公众参与问题一谈再谈。

在大数据时代，新技术对环境权力的重构却是另辟蹊径，其直接通过环境信息采集、处理、传播流程的重构，削弱了政府的环境权力。新技术的使用，削弱了曾专属于政府的生态环境数据采集、分析的权力。曾归属于技术和政策精英才能享有和掌握的数据，如今可以通过智能手机、各类传感器轻易而廉价地获取。我国目前已

---

① 史玉成：《环境法学核心范畴之重构：环境法的法权结构论》，《中国法学》2016 年第 5 期。

② 周黎安：《中国地方官员的晋升锦标赛模式研究》，《经济研究》2007 年第 7 期；杨雪冬：《压力型体制：一个概念的简明史》，《社会科学》2012 年第 6 期；郁建兴、高翔：《地方发展型政府的行为逻辑及制度基础》，《中国社会科学》2012 年第 3 期。

经拥有将近 10 亿的手机用户，大部分人都可以通过一些 App 直接获取其所需的信息。同时，新技术的使用削弱了主流媒体、权威媒体对公共空间的垄断能力。[①] 人们不再通过官媒去了解环境信息的传播，相反地，互联网、微信甚至年轻人用的 ABCD 站[②]成为人们信息交互的主战场。公众不但可以接收到各式各样离散的信息，同时也逐步掌握了自己的环境话语权。这些年频发的环境邻避冲突问题也多多少少是因此而发生，也正因此，政府开始重新审视和思考"互联网治理"的问题。

在新型的环境治理模式中，每个企业、社会组织、个人都可以较为廉价地获取环境信息和环境治理技能，而政府在这一场由科技引发的权力重构过程中，必然需要谨慎行使权力。从某种意义而言，大数据时代的新型信息交互模式，对于消解政府环境权力的内在张力、实现环境权利和权力的互动平衡产生了很大的影响。

（二）环境治理机制从"命令—控制"模式转向多元共治模式

1. 从信息封闭到信息公开：大数据时代下的环境社会治理

由于环境问题自身的复杂性，使得全能型政府也无法在这一领域实现"十全十美"。环境问题有太多的"地方性知识"的存在，政府无法单方面了解到每一个地区的实际问题；环境问题有太多的风险不确定性，以政府一己之力也无法破解其中的系统性风险；环境问题又有着流动性、全球性的特征，有着权力行使边界的政府也无法依靠自身解决跨界的问题。因此，公众参与就成了一种有效弥补政府能力不足的环境治理方式。公众参与，特别是参与政府的环境决策，其基础是环境信息的公开和共享。但是在传统的环境管理模式下，政府和政策精英掌握着这些环境数据和信息，而且这种信息的传递方式也是单一路径，即由政府传递给公众。一旦政府拒绝或者有限地、片面地传递信息，那么政府和公众之间的信息鸿沟就必然会产生，这也是导致近些年来环境邻避运动屡屡发生的重要因

---

① 薛澜、张慧勇：《第四次工业革命对环境治理体系建设的影响与挑战》，《中国人口·资源与环境》2017 年第 9 期。

② A 站是 AcFun，B 站是 bilibili，C 站是 tucao，D 站是 dilidili，均是弹幕式视频分享网站。目前年轻网民主要活跃于以上网站。

素之一。

随着互联网和大数据技术的不断发展，信息的传递方式被彻底地改变了。政府不再是唯一掌控环境数据的主体，企业、社会和公众都成为环境数据的生产生和传播者，由于信息成本大大下降，很多环境组织也都有能力和财力提供环境数据。这意味着环境数据更难造假了，透明、公开和共享的环境数据走上了舞台。以马军创立的公众环境研究中心为例，作为社会公益组织，其开发了"中国水污染地图"和"中国空气污染地图"，所有公众都可以非常边界地获取这些公益数据。而在这几个地图的影响下，很多排污企业面对舆论压力也纷纷进行变革，成为中国环境公众参与环境治理的成功案例。

2. 从政府自上而下的行政管制走向市场化治理：大数据时代下的环境市场化治理

经济刺激一直是环境治理的重要手段之一，所谓"污染者负担""受益者补偿"这些原则，都是将环境的负外部性内部化的重要手段。而环境补贴、环境税收等也一直是各个国家普遍采用的环境经济政策。

随着大数据时代的到来，新的科技引领将打造新的环境市场治理手段，同时也将对原有的市场化手段进行系统性的优化，发挥环境市场治理领域的效能。比如大数据、工业互联网、人工智能等技术与工业领域的融合深化，所形成的工业大数据将对企业的低碳化发展有着非常积极的意义。在碳排放交易市场的建立和运行过程当中，交易平台的安全和稳定必不可少，二氧化碳的市场化买卖依托的交易市场需要最先进的技术保障。再比如，大数据可以将企业的排污情况、金融贷款情况、运行情况展开关联分析，最终评定企业的环境信用，以便及时激励和约束企业环境行为。①

三　环境决策模式与决策组织的重构

（一）政府环境决策和规划能力的优化

传统的政府环境决策往往被掌控在政策精英的手中，普通公众很

---

① 谭娟等：《大数据时代政府环境治理路径创新》，《中国环境管理》2018年第2期。

难进入决策参与的层面。但在第四次工业革命的影响下，环境决策的信息很难也无法完全被政府垄断，公众对环境信息的掌握和传播，将倒逼政府开放决策途径。同时，未来的环境决策也将不再是经验式的判断，而是走向更为智能和科学化的模型研判。以生态环境大数据的建设为例，大数据技术将作为全样本数据出现，其数据具有规模庞大、质量高、全方位的特点，摒弃了科层制传递信息中的信息迷失和鸿沟，提升了决策主体获取信息的精确性，决策本身可以基于"数据＋模型＋分析"的路径，通过构建模型提升环境决策的科学化。

（二）环境治理组织结构的变革

传统的决策方式，由于大多以部门为主导，很难考量到决策的系统性、全面性和可持续性，很多环境决策仍是以部门利益为主导，人为割裂了生态环境的系统性。理论界所倡导的环境与发展综合决策机制、综合生态系统决策法律机制的建立、环境法的法典化，其实质都是期盼环境决策能从生态的整体性出发。①但即使政策法律框架出台，也会因为决策者专业知识的有限性而有局限，这时大数据、物联网等技术的优势就会凸显出来。新型的环境治理对环境行政部门的冲击是要打破部门之间的信息壁垒，实现部门之间的信息沟通，从分散化的治理走向整体性治理。这种新型的治理方式是基于某个核心问题的整体性治理，无论气象、国土、规划、水务、水利、农业、林业、交通、矿产还是其他部门，均要统筹协作。

第二节　科技发展与环境法治路径的变革

一　数据依托，助力回应型、预防型立法

（一）环境回应型立法

回应型立法的核心强调的是立法要对社会现实问题予以应有的

---

① 王曦教授 2003 年即在全国政协十届一次会议提出"建立环境与发展综合决策机制实施可持续发展战略案"，并被评为"全国政协成立 70 年来 100 件有影响力重要提案"。吕忠梅教授在 2014 年第 3 期的《中国法学》上发表《论生态文明建设的综合决策法律机制》，其核心观点也是将环境与发展统筹考量。

反馈，回应型立法应该对社会需求进行回应。回应型立法是第二次世界大战后，社会法学派对法律与社会关系的反思，弥补了分析法学派、自然法学派在立法方面的局限性。① 同时，回应型立法意味着，立法机关更为尊重社会意见，其具备妥协、协商、限权、平等、尊重等特征。

大数据时代的环境治理，从技术上促进了由知识精英自我封闭型的立法方式向回应型立法的转型。由于环境问题的议题具有公共属性，公众的参与意愿更加强烈，在数据开放和共享的过程中，公民将更为深入地参与环境公共决策的进程，同时互动式地反映需求。相关立法部门，可以根据环境舆情大数据分析和环境司法实践等大数据分析，了解环境立法的空白点和需求，根据法治评估提出针对性的意见。

（二）环境预防型立法

立法的滞后性问题一直是困扰着法律实践的一个重要因素，特别是在社会和经济高速发展的今天，城市发展日新月异，各类问题层出不穷。比如当年有名的"许霆案"，由于银行 ATM 机的系统疏漏，导致许霆可以从 ATM 机不断取钱，但是这个犯罪行为到底归到哪个具体罪名之下，成为法官抉择的困境。因为当年在制定刑法的时候，还没有银行 ATM 机的出现，导致最终以"盗窃金融机构罪"的重刑判处了许霆，并引发舆论哗然。实际上"许霆案"的实质就是立法滞后性所带来的法律实践的困境。特别是随着大数据时代的来临，第四次工业革命的各类技术重新构建了社会的商业模式、社交方式和城市运转方式，也带来了一系列的新问题，比如网约车、网络拍卖、网络直播等，传统立法都很难对这些新问题进行规制。在大数据时代，科技的注入为城市的发展、环境问题的解决还有司法的研判带来了新方法，大数据等技术的分析和预测功能，甚至可以对犯罪类型的趋势进行预判，这也有助于立法者基于此，开展预防型立法。特别是在环境治理领域，预防型立法本身就具有前瞻性，预防原则也一直是环境治理领域立法的核心原则之一，大数据

---

① ［德］施塔姆勒：《现代法学之根本趋势》，姚远译，商务印书馆 2018 年版，第42—43 页。

等技术的注入，可以协助环境立法往更精准的方向展开。

二　数据赋能，优化环境执法能力及治理体系

在环境执法方面，能实时监控、精准留存证据、联合执法、区域性联动执法是非常重要的。随着物联网、人工智能、大数据等技术的使用，使得政府有能力进行实时的监控，相关执法依据得到了信息保存。同时，通过数据的整合和分析，相关部门对执法资源的分配更加合理，提高了执法效率。另外，部门间通过构建统一的数据平台，打破了部门之间的信息孤岛，不仅避免了多头执法的问题，还加强了部门之间的合作和联动执法。

（一）提升政府环境执法能力

大数据等先进技术的介入，极大地提高了政府的环境执法能力。一方面，大数据等技术的介入所建立的智慧化环境治理平台，可以实现实时的环境监管，并且证据留存是全过程的，极大地提高了环境执法的效率；另一方面，一部分在线执法手段，替代了人工执法的方式，解决了执法人力资源不足的情况，也避免了运动式执法的弊端。比如污染源自动监控系统，采用了全球移动通信技术、无线上网技术、地理信息系统和计算机网络通信与数据处理技术等，可以通过与各大专线、呼叫中心、环保 110 事故中心或其他机构相连，将移动目标的定位信息、求救信息、报警信息进行分类确认后，实时传送到相应的职能部门。[①] 而移动执法技术的加入，让现场执法具有更大的灵活性，数据的保存、上传变得更加有效率。再比如，移动执法手持终端系统的建立，可以让执法人员进行现场检查、执法、上报、定位、通信等具体工作，同时执法终端可以同上级部门进行数据交换、申请上报、信息查询等内容信息交互。[②]

（二）优化环境协同执法能力

大数据时代的环境治理，其核心是通过建立统一的、标准化的数据平台，实现部门间的环境治理信息共享，避免环境行政部门间的权责交叉、多头执法等问题。环境执法信息的共享机制的建立，

---

① 易建军主编：《智慧环保实践》，人民邮电出版社 2019 年版，第 189 页。
② 易建军主编：《智慧环保实践》，人民邮电出版社 2019 年版，第 171 页。

可以有效整合环境的相关执法信息资源，执法变成以问题为导向的执法，而不是以部门为核心的执法，这也有利于推进跨地区、跨部门的执法协作、联防联控，形成执法合力。比如，水环境质量和污染源在线监测系统的研制和应用，可以促进环保局、水利局、水务局等部门的联动。而京津冀的雾霾治理、粤港澳大湾区的雾霾治理问题，都离不开数据支持下的区际联防联控，这在没有大数据等技术助力的年代，是很难达成的。

（三）完善环境执法程序

大数据等技术的介入，帮助政府优化了电子政务系统，也实现了环境执法程序的标准化、规范化和透明化。在只有人工执法的年代，对执法流程的解读往往取决于一线执法人员的理解，相关执法人员具有一定的自由裁量权，导致执法的标准和程序都会有所差异。但是在数据支持的今天，标准化信息平台的建立，让执法的标准和程序都公之于世，操作系统的网络化、可视化和流程化，完善了环境执法的程序，压缩了环境行政审批和环境执法过程中权力寻租的空间。如现在正在开展的排污许可证制度，均要使用到大数据的技术。

（四）创新了柔性执法手段

大数据等技术对环境法治领域的介入，不仅提升了政府环境执法的能力，同时也创新了各式各类的环境治理手段，比如绿色金融体系的建立、守法援助系统的建立、环境公共舆情监督系统的建立，让政府不再依靠单一的强制性管制工具来开展严格的环境执法行为。再比如，阿里云推出的"蔚蓝地图"给了企业以强大的舆论监督压力，公众只要通过网络下载一个"蔚蓝地图"的App，就可以查询到各个城市的空气质量、河流水质和污染源等信息。这些柔性执法手段的使用，促进了企业的环境守法行为。

三　数据协助，增强环境司法的透明性和科学性

大数据等技术已逐步运用到我国的智慧司法的建设当中。智慧司法指的是对各类审判信息资源进行统计和深度分析，有效指导审判执行工作。通过数据的分析可以跟踪社会热点问题，把握案件

规律，为社会治理和政府决策提供实践信息。2016 年 7 月底，中共中央办公厅、国务院办公厅印发《国家信息化发展战略纲要》，将建设"智慧法院"列入国家信息化发展战略。2016 年 11 月，人民法院信息技术服务中心等单位共同成立了"天平司法大数据有限公司"，为建设"智慧法院"，加强司法大数据研究添砖加瓦。可以说，大数据的建设，也将对我国的环境司法产生深远的影响。

（一）提升了环境司法的透明性

在大数据等技术的支持下，人民法院系统推进了环境案件审判流程公开、裁判文书公开、执行信息公开三大平台的建设，让审判更透明、公正，司法更加透明公开，不仅增进了司法的廉洁程度，还提升了法律的公信力。环境法律案件相对而言更具有专业性、案情更为复杂、更具有技术性，从某种意义而言，也更具司法权力寻租的空间。智慧司法技术的融入，将整体提升环境司法的透明度。

（二）提升了环境司法的科学性

大数据等技术运用到环境司法领域，可以通过对原有海量数据的深度挖掘和精确分析，形成专家指导意见，指导司法人员在具体的案件中的审判意见，形成更为科学的判决支持。特别是环境案件，往往情势复杂、涉及地域和环境要素诸多、专业术语众多、涉及的专业领域广泛，大部分的法官还是文科出身，对相关环境科学、环境工程等学科理解的深度有限，更需要借助大数据等技术提升法官审判的科学性。

（三）提升了环境司法的协作性

环境类司法案件的诉讼类型较为多元，责任方式也具有复合性，往往不是一个单一的审判庭就可以解决问题的，因此审判部门之间的协作显得尤为重要。立案庭、刑事审判庭、行政审判庭、民事审判庭很可能在同一个环境司法案件中均占有重要的位置。同时，环境司法案件往往具有跨区域性，因此异地的司法协作也显得重要。大数据等先进技术的加入，不断推动环境司法的智慧化，让在线诉讼成为可能，推动了环境司法的便捷化，同时，区域间、部门间也可依托同一个数据平台，实现了环境司法协作的常态化。

四 数据公开，完善环境柔性执法与法律监督

（一）提升了公众的法治获得感

大数据等技术在环境法治的发展进程中，大大提高了环境信息的公开程度和透明程度，公众对环境信息权的掌握，提升了民众的环境主体意识和环境权利意识，又进一步促进了环境公众参与的深度和广度，进而促进民众学习环境法律和遵守环境法律。可以说，大数据等技术对提升公众的法治获得感有着积极的影响。这是一种更为良性的政府、立法机关、司法机关与公众之间的互动协商过程。公众从电子政务当中得到了更高效的政务服务，政府廉洁、公众、高效、透明的运行方式有助于公众更相信政府。同时，各类公众参与政务平台的建设，让公众也体会到了自己在环境决策中的位置，有助于公众自身守法意识的提升。

（二）完善了环境法律监督体系

数据的共享和开放信息使得监督者享有了更多的数据和信息，进而可以对被监督者展开更深入的监督。比如，凌向峰等所设计的基于 MSNS 的环境公共舆情监督系统，可广泛应用于企业偷排漏排行为监督、突发环境问题举报和城市环境检查等环境保护领域的多个方面。[①] 大数据时代，对环境违法行为的监督，路径更为广泛，效率更优，形式多样，不仅政府部门有一套完善的监管体系，同时社会组织甚至每一个个体，都可以依托技术赋能成为一个有效的监督者。

环境治理现代化的深圳实践案例七

深圳首创工地噪声监管"远程喊停"模式

为有效解决噪声扰民投诉问题，2020 年 4 月，深圳市生态环境局坪山管理局首创工地噪声监管"远程喊停"模式，借助科技手

---

① 凌向峰、铁治欣、丁成富、王兆青、姚文强：《基于 MSNS 的环境公共舆情监督系统》，《浙江理工大学学报》（自然科学版）2016 年第 3 期。

段，为环境监管赋能，对在建工地实行 24 小时实时监控。

新监管模式实施以来，坪山区当月就成为全市唯一环境信访投诉量环比下降的行政区，下降幅度达 15.1%。辖区内 10 家被投诉频率高的工地每月噪声投诉总量从 179 宗降为 22 宗，降幅高达 87.7%。其中 6 家工地的噪声投诉数量从"两位数"大踏步迈进了"个位数"，其他工地噪声投诉量均保持在个位数水平，全区工地施工噪声投诉数量呈断崖式降低。

针对"远程喊停"监管过程中部分工地仍继续施工或间歇性停工后又复工的情况，坪山区则搭建实时信息反馈平台，坚持以"线上监控＋线下执法"的方式，高效联动，对"屡喊不停"的工地实施"点穴式"精准执法。

本章小结

在大数据时代，科技发展赋能于技术治理，实现了治理技术和能力的现代化。同时，科技发展也对环境治理结构和逻辑、环境法治的运行结构和逻辑产生了深刻的变革和影响。

第一，在能源结构和产业结构的问题方面，中国的环境治理一直受之困扰，面对着难以破解的结构性之痛。随着大数据时代的到来，第四次工业革命中的新技术，将可能破解化石能源的污染桎梏、重构"攫取—制造—废弃"的线性资源使用模式，让生产模式从扩大再生产走向定制化的生产和消费，通过一种全新的思路破解可持续发展的困境。第二，在环境治理的模式方面，中国所长期依托的"自上而下"的环境规制政策工具，也时常面临政府失灵的困境。而在大数据时代，新技术的使用削弱了政府对环境信息的垄断地位，改变了政府和公众之间的信息传播和交互模式，将环境信息以更加透明和公开的方式呈现于公众，大大增进了环境公众参与的便利性和可能性。同时，大数据时代的新技术也在进一步赋能于环境市场，比如碳排放交易市场，这也激发了中国的环境治理模式在逐步走上环境多元共治的道路。第三，大数据时代的技术赋能，对政府内部环境决策模式进行了重构，信息传播和交互模式的改变也逐步推进了政府的信息公开，而大数据治理本身的技术特征，也在尝试逐步打破部门之间的信息壁垒，实现跨部门协作和整体性治理。

在环境法治路径的变革方面，技术的赋能也促进了环境法治在立法、执法、司法、法律监督的各个环节和领域的创新变革。在环境立法领域，大数据等技术的运用，实现了环境回应型立法、预防型立法的可能性；在环境执法领域，技术赋能提升了环境执法能力，也逐步优化了环境协同执法、完善了环境执法程序，让柔性执法成为可能；在环境司法领域，数据协助增强了环境司法的透明性和科学性，提升了环境司法的协作性；在环境法律监督方面，数据公开提升了公众的法治获得感，也增加了环境法律监督的平台和路径。

可以说，大数据时代的科技发展，在深刻影响和改变着环境治理和环境法治的运行结构和逻辑。

第三章 大数据时代环境治理
面临的困境与挑战

    大数据时代的环境治理为政府解决很多城市发展进程中的问题提供了新思路。比如，利用污染源分析展开对雾霾的精准治理，通过对雾霾实际组成部分的分析，精准判断到底是哪个行业、哪个具体的企业造成了雾霾。比如，通过可视化平台，给环境决策者提供一个更为直观的规划、发展的决策平台。比如，通过数据监控和数据监控，对城市内的危险边坡进行系统管理，预防山体滑坡的现象。可以说，技术让很多以前不能做、不可做、不敢想的事情成为现实。但是，能让环境治理发挥其应有的效应，仍然取决于与环境治理相关的机制体制是否灵活，是否能释放技术本应拥有的能量。

第一节 大数据时代环境治理面临的困境

一 大数据时代环境治理面临的技术安全困境

    互联网空间是暨海、陆、空、太空以后的第五个国家战略空间。随着大数据、物联网、云计算这些技术的不断发展，技术逐步渗透国家发展的各个领域，不断推动着社会的创新与发展。"互联网 +"新业态，成为国家发展中的新的经济增长点。而各个国家之间的竞争和博弈也渐渐从实体的国土竞争纷纷转向了这个虚拟世界。[①] 网络空间的安全，同国家安全紧密相关。当下国家的战略发展，同数据权力、数据权利的发展不可分割，特别是生态环境大数据，其中

---

① 梁亚滨：《网络空间是大数据时代国家博弈的新领域》，人民网，http://theory. people. com. cn/n/2014/1020/c40531 – 25866183. html，2021 年 3 月 10 日。

包含了国土、资源、政务、舆情等各类复杂化、交织性、动态化、综合化的敏感信息，其遗失或错位将对国家安全造成深刻的影响。但是网络空间中的黑客攻击，对国家的网络安全造成极大的威胁。同时，这些大数据本身也可能会出现数据异化的现象，如数据失真、数据偏差、数据风险和数据依赖等，这也会对国家安全和数据安全造成很大的风险。

同时，数据的技术风险还会对个人隐私权的保障产生威胁。生态环境大数据也包含了很多个人信息在内，在复杂的网络安全环境下，政府和公司是否已准备好迎接挑战，是否有能力保护信息，是需要讨论的话题。而怎样能让政府和企业规范地使用数据，防治权力滥用，更值得探讨。这些技术本身存在的技术风险，也将对环境治理体系造成冲击。

二　大数据时代环境治理面临的机制体制困境

（一）顶层设计偏差

在顶层设计方面，大部分地方还是将大数据等技术的应用停留在工具层面，期望依靠技术赋能来提升政府环境治理效率，通过技术革新增强政府环境治理的能力，但是缺乏了系统思维，更少有希望通过行政部门的流程再造，来释放智慧化环境治理的更大价值。这也使得大数据时代的环境治理体系建设过程中与放权、服务、产权制度改革、要素配置市场化改革等制度改革紧密结合的难度加大。构建顶层设计理念的偏差限制了政府机制和体制改革的力度，构建智慧化治理体系仍然无法避免面临传统信息壁垒等问题。

（二）行政部门的条块分割与信息壁垒

大数据时代的环境治理，理论上可以突破信息孤岛与政府部门之间的数字鸿沟问题，促进部门间的信息共享与合作，但在实践中，部门间的管理壁垒反向制约着环境治理。在环境数据方面，部门数据的中心化和部门私有化成了部门间的管理碎片化和上下部门之间的信息壁垒。

目前，政府"条条块块"之间的数据共享，依然是政府在公共数据整合过程中的障碍。在横向的"块块"之间，部门之间的信息壁垒问题依然严峻。虽然很多城市成立了数字政务局这样的数据协调部门，希望可以专职开展城市各行政单位之间的公共数据共享工作，但在实践中，这样的数据协调部门往往实权不足，面临着"小马拉车"的困境。① 例如，建立生态大数据需要包括气象、国土、环保、水利等各个管理部门掌握的数据。但在现实中，这些行政部门下属的机构往往是数据采集和研发单位，所有数据都有经济效益。非直属行政部门是否有权从相关部门获取数据资源，目前都没有法律明文规定。在没有非常强势的部门进行数据共享的协调工作时，这些机构很难真正做到数据共享。在"条块"之间，数据共享显得更为困难。近些年，随着国家机制体制改革的深入发展，很多业务部门进行了垂直管理的改革，从部门内部而言，其优化了纵向的数据收集和整合，比如环保系统的垂直管理，大大促进了生态环境大数据平台的建设。但是这些公共数据的垂直管理，却造成了与地方之间的数据共享障碍。地方政府想要获取相关数据的时候，并不直接管理到这些垂直管理的部门，于是需要逐级申请数据共享，程序相对复杂烦琐，使得数据共享的效率变低，同时周期变长。值得注意的是，国家目前也认识到了横向和纵向间公共数据整合的困境，正在积极推进商业环境5.0改革，其中有一项重要任务就是打通横纵向的数据共享。

（三）分散化平台建设与环境信息标准不统一

环保行政部门与工商、公安等系统相比，环保信息化水平相对较低，这其中很大一部分原因是因为我国的环保行政管理系统长期以来都是属地管理的。目前，生态大数据的建立受制于不同的信息标准。来自不同部门的环境数据有不同的格式、不同的标准和不同的参考系统。既有 ACCESS 数据库系统管理的数据，也有 FOXPRO 等数据库管理，有的编码，有的未编码。这给部门间大数据的搜索、整合和共享带来了很多困难。据深圳市盐田区环境水务局数据，内部信息系统种类多达 46 种。可以说，信息化标准化建设迫在

① 鲍静：《全面建设数字法治政府面临的挑战及应对》，《中国行政管理》2021 年第 11 期。

眉睫。以排污许可证管理为例，污染源管理制度众多，数据碎片化现象严重。深圳有多达 24 个管理系统，包括固定污染源。① 另外，由于各区域智慧环境治理建设分散，缺乏整体规划和更高层次的设计，平台的分布式结构也是数据共享的障碍。

（四）技术官僚控制与有限的公众参与

大数据时代的环境治理的理念是共建共享共治，但当前的环境治理建设过分强调政府层面自上而下的投资建设。② 比如，目前的城市规划仍是超验的"技术管理"或以利益为导向，夹杂着城市资本管理的诸多因素。③ 信息化大投入的核心思想是提高政府自身治理的效率和准确性，但并没有从源头上改变思路和治理模式。

三　大数据时代环境治理面临的制度困境

在与数据相关的法律、法规制度建设方面，目前还存在较大的空白和缺失。自 2016 年开始，我国就开始对数字化新兴权利、网络安全、信息安全等议题展开紧锣密鼓的立法。2016 年《网络安全法》颁布，2018 年《电子商务法》颁布，2020 年《网络信息内容生态治理规定》颁布，2021 年《数据安全法》和《个人信息保护法》颁布施行。这些立法的颁布为我国数据主权、数据权利、数据安全领域的制度建设起到了提纲挈领的重要作用，填补了长时间以来在大数据时代个人信息、网络平台监管、数据安全领域的空白。④但不可否认的是，该领域的制度建设尚在起步阶段，很多地方还存在上位法的缺失和空白。

第一，在数据流通环节，由于上位法的缺失，限制了数据的流通和开放，特别是在跨境数据流通领域，很多工作难以展开。按照

---

① 赵胜军：《深圳市排污许可管理实践、存在问题以及工作建议》，2018 年中美排污许可管理立法研讨会，会议论文。

② 李健：《城市建设—社会管理：基于双重需求的智慧城市推进路径》，《上海城市管理》2017 年第 1 期。

③ 潘泽泉、杨金月：《寻求城市空间正义：中国城市治理中的空间正义性风险及应对》，《山东社会科学》2018 年第 6 期。

④ 季卫东：《大数据时代隐私权和个人信息保护研究》，《政治与法律》2021 年第10 期。

《网络安全法》的规定，数据跨境流通后续的规划建设方案需要逐级上报国家相关部委支持，但是目前跨境数据监管缺乏工作指引，导致在国家部委尚未授权地方开展跨境数据流通的前提下，地方无法展开工作。

第二，是在数据开放和共享环节，对于政府而言，其掌握的大部分数据是公共数据，哪些数据可以开放，以怎样的形式进行开放，开放的程度界定在哪里，这些问题都需要对数据权属、数据保护和数据安全做更明确的规定，否则向社会开放这些数据就存在着巨大的安全隐患。目前，北京、上海、天津等地开始成立数据交易中心，希望进一步拓展和细化数据交易制度。

第二节　大数据时代环境治理面临的挑战

一　伦理性挑战：环境不正义与社会分化挑战

（一）城乡环境不正义

城市在人类文明进程中承载着非常重要的作用，而新中国的发展也与城市的发展密不可分。中国的城市化进程举世瞩目，可以说，中国的城市化进程是历史上规模最大也是速度最快的。城市，一直是中国建设的重点，大量的资源和人才都汇聚到了城市。而在法治建设方面，城市也作为了重点，环境法治建设也是如此。长期以来，中国的环境法治都是以城市为中心展开的，农村的环境问题在各类立法中涉及的非常有限。[①] 而城乡环境正义的问题就成了学界关注的热点。近些年，政府开始反思环境法治的思路，相关法律法规和政策开始向乡村倾斜，如对秸秆焚烧的限制、对乡村垃圾处理的关注，生态环境部的污染防治职能专门划出了农村环境综合整治板块，特别是随着"美丽乡村""精准扶贫"等政策的逐步推进，乡村的环境治理被纳入了治理视野，城乡环境非正义之间的差距正在逐步拉近。

---

① 我国长期的社会经济发展受到"城乡二元结构"的制约，经济发展和公共服务的分配均呈现出了巨大的城乡差异。

　　大数据时代的来临和第四次工业革命的发展，以城市建设为重心，城市将成为地区的创新中心。新的工业革命和技术革新带给城市的效应是否能惠益给乡村，尚待考量。虽然目前利用先进技术所展开的各类智慧教育和智慧医疗的项目，已经在极力为城乡公共资源分配的均等化努力，但我们尚无法得出，以围绕智慧城市展开的城市可持续发展建设和智慧环保路径的实现，是否能真正缩小城乡环境公共资源分配上的差距。

　　（二）群际环境不正义

　　大数据时代的来临，也可能造成新一轮的群际发展的公平性问题。第四次工业革命中的技术拥有者将获益于工业革命的效应，但是无法享用技术的群体就可能与之拉大差距。实际上，第四次工业革命能否实现贫富差距的缩小和实现资源的均衡分配是值得思考的重要问题。以前三次工业革命为例，目前全球仍有 13 亿人无法获得电力供应，一半以上的人口没有接入互联网。[①] 这些无法获益于工业革命的群体，其相关权益的发展就成为问题。在任何社会的发展阶段，底层民众和弱势群体对环境脆弱性问题导致的后果的承受能力都是更弱的，比如气候变化所带来的冲击，不一定对有能力进行技术或者投资移民的人群产生实质性影响，但是对依靠土地耕种，仍然靠天吃饭的百姓而言，就可能会承担由于土地荒漠化、热浪、飓风等极端气候引发的生态灾害，进程成为气候变化的难民。因此，这些新技术能否真的帮助弱势群体应对未来更为变幻莫测的环境生态问题，答案依然是不确定的。

　　（三）性别间环境不正义

　　同群际间的环境不正义类似，在性别之间，也将产生类似的问题。第四次工业革命是以技术革命为主导，男性仍将主导计算机科学、数学和工程等领域，所以对专业性技能需求的增加可能会进一步扩大性别差距。第四次工业革命可能会导致男性角色和女性角色之间出现更大的分歧，因此加剧社会的不平等，扩大性别差距。那么男女均衡所带来的多元化和效益价值

　　① ［德］克劳斯·施瓦布：《第四次工业革命：转型的力量》，李菁译，中信出版社 2016 年版，第 5 页。

就会受到威胁。① 而这一系列的变革是否能促使生态女性主义的伦理变革，也值得观察。②

二 政府权力结构挑战：信息交互模式变迁与政府治理权威的挑战

中国的传统政府管理所强调的权威主义拥有强制性、高效率和统一性的特点，有助于治理问题的迅速解决，但是大数据时代的环境治理体系将对政府的权威提出巨大的挑战。

（一）对政府权威性的挑战

政府首先面临的就是"去中心化"的挑战。在大数据时代，政府不再处在不可动摇的中心位置，很多维护政府公共权力的壁垒将被打破，而信息传播的途径和信息交互的模式的转变将进一步挑战政府权威。政府不再掌握信息的垄断权，官媒的影响力也将大大减弱，这给政府提出了新的挑战。以邻避问题为例，由于大众传媒的发展，如微信、微博等网络平台的搭建，信息的高度爆炸，公众很难在网络中辨识出有效的信息进行甄别，相关信息被放大，致使对邻避设施的恐慌进一步加剧，这都将给地方政府提出新挑战。

（二）行政扩张与功能背离的挑战

在政府实行环境的大数据治理的具体实践中，其权力的重构过程和运用的根本目标仍未脱离强化政府"控制"，获取社会稳定秩序的思路，政府强调"稳定""监控"等管检测，却罕见"服务"，这种"行政吸纳社会"的模式难免将陷入制度"内卷化"风险，从而带来行政扩张、功能背离价值和选择性治理等问题。③ 简单而言，政府如果仍然是将大数据等先进技术，作为技术工具使用，作为扩

---

① ［德］克劳斯·施瓦布：《第四次工业革命：转型的力量》，李菁译，中信出版社2016年版，第46—47页。

② 生态女性主义是西方的环境运动和女权运动相结合的产物，其内核是探索社会结构、女性地位和自然保护之间的伦理关系。主要代表有 Karen Warren、Val Plumwood、Carolyn Merchant 等。

③ 毛寿龙、李玉文：《权力重构、行政吸纳与秩序再生产：网格化治理的逻辑：基于溪口镇的经验探讨》，《河南社会科学》2018年第3期。

充自我行政权力的工具进行使用，就会背离科技赋能治理的初衷，而最终权力的运行可能也会难以受限，形成"技术利维坦"的局面。

本章小结

大数据时代的科技发展，为环境治理提供了新的问题解决思路，也提升了环境治理的能力，但是能否让环境治理在大数据时代发挥其应有的效能，仍需要回归到机制体制、制度设计等基础性的问题方面。目前，大数据时代的环境治理仍面临着一系列的困境与挑战。技术安全困境、机制体制困境和配套的法律法规制度的空白和缺失，还在掣肘大数据时代的环境治理的应有效能。另一方面，大数据时代，也给环境治理提出了新一轮的挑战。在环境伦理方面，科技发展将进一步拉大城乡、群际和性别之间的差异，由此产生的环境不正义的问题值得探讨。同时，环境信息交互模式的变迁对政府的治理权威提出了挑战，传统的高效性、统一性和强制性的环境规制模式需要面临转型。这些困境和挑战，有一些是长期困扰中国环境治理的问题，只是在大数据时代呈现出了新的样貌，而有一些是新的时代给环境治理提出的新问题。但这些困境和挑战都不是短时间内可以克服的，而是需要在长期的理论和实践探索当中，逐步探索破解之路。而问题探讨的重点，应该集中于怎样让公众享有科技发展带来的福祉，而不是造成更大的社会风险和社会割裂。

第四章　大数据时代环境治理
体系的突破与重构

　　大数据时代的环境治理，是一场深刻的环境治理革命，将为未来城市的可持续发展提供一条新思路。但是这条道路上也出现了各种新问题，技术风险和机制体制障碍也都缺乏有效的制度回应。为了突破这些障碍和瓶颈，不仅需要更为开放灵活的顶层设计，更加完善和明确的制度设计，也需要政府转变思路，逐步从垄断的决策模式中脱离出来，构建更为多元的环境治理体系。

第一节　大数据时代环境治理体系
建设的理论基础

　　科技赋能下的治理体系的变革，是时下研究领域的热门话题，作为一种新兴的治理模式，也深受传统治理理论的影响。对于大数据时代的环境治理的探讨，也主要是从外部的治理结构和内部的治理结构两个维度展开。而这种讨论是以政府为主导的环境治理作为基础展开的。针对治理的外部结构，主要是探讨怎样突破政府单方面规制的瓶颈，打开思路，构建更为多元的治理结构；针对治理的内部结构，主要是探讨怎样打破政府内部各部门之间的壁垒，跳脱科层制结构、府际关系，展开"以问题为中心"而不是基于部门权力的治理。

一　技术发展下的多元共治与社会创新
（一）环境问题的复杂性和多元共治

环境问题的复杂性、系统性、不确定性，使得针对环境问题开展的治理策略一直具有多方参与的属性。比较具有代表性的是生态环境的"多中心治理理论"（polycentric governance）。多中心治理意味着环境决策不是由某个权威的决策中心做出的，而是由多个决策中心基于复杂的情势分析从多维度、多层次做出的。这种决策更具有自主化。①简而言之，环境问题的解决如果完全依靠一个权力中心，即政府来展开，那么环境治理的效率必然受限。因此，社会组织、企业、公众的加入将大大优化环境治理的效率。该理论被应用于研究公共池塘资源、比如地表水资源、渔业资源等方面②，到了2000年前后，气候变化和生态系统的脆弱性问题引起了更多的关注，多中心治理利用被应用到了"适应性治理"的理论研究当中去。③"适应性理论"应用于环境学当中，很重要的一个概念就是，任何生态环境系统之间都是有关联性的，在人类无法对生态系统退化和气候变化引发的问题做出实质性改变的前提下，就只能想方设法进行适应。多中心治理理论和适应性理论的结合，给人类应对气候变化和复杂的生态系统退化问题，找到了思路。在之后多年的研究当中，很多学者都认为多中心治理理论在降低生态环境脆弱性、促进生态环境的适应能力方面起到了很好的作用。④

　　长期以来，中国的环境治理模式是以政府为主导的行政管制方

---

① Ostrom, Elinor, *Understanding Institutional Diversity*, Princeton University Press, 2009.

② Ostrom, Elinor, Governing the Commons: The Evolution of Institutions for Collective *action*, Cambridge University Press, 1990; McGinnis, Michael Dean, *Polycentricity and Local Public Economies: Readings from the Workshop in Political Theory and Policy Analysis*, University of Michigan Press, 1999; Andersson, Krister P. and Elinor Ostrom, "Analyzing Decentralized Resource Regimes from a Polycentric Perspective", *Policy Sciences*, Vol. 41, No. 1, 2008, pp. 71 – 93.

③ Olsson, Per and Carl Folke, "Local ecological knowledge and institutional dynamics for ecosystem management: A study of Lake Racken watershed, Sweden", *Ecosystems*, Vol. 4, No. 2, 2001, pp. 85 – 104.

④ Folke, Carl, et al., "Adaptive Governance of Social-ecological Systems", *Annual Review of Environment and Resources*, Vol. 30, 2005, pp. 441 – 473; Pahl-Wostl, Claudia, "A Conceptual Framework for Analysing Adaptive Capacity and Multi-level Learning Processes in Resource Governance Regimes", *Global Environmental Change*, Vol. 19, No. 3, 2009, pp. 354 – 365.

式，也因此部分学者产生了"环境法的实质就是行政法"的思维。[①]
但更多的学者们一直将多元治理和调整工具的融合作为环境法的应
然逻辑和实践走向。"命令—控制""市场刺激"和公众参与也一直
被认为是环境法基础的法律调整手段。[②] 而第二代环境法的形成，
同样一直被认为其核心标志是"以政府、企业和个人三方主题之间
博弈性合作为代表的主题合作模式"的形成。[③] 虽然环境的多元共
治或合作治理、环境协商民主的创建成为热点讨论的问题，但在我
国人口基数庞大、环境决策复杂、府际关系较为复杂的情境下，这
种多元共治的模型只是一种理想化的情境。但是大数据时代的科技
赋能，有可能会引领中国的环境治理真正地走向多元共治。

（二）大数据治理与多中心治理的"同构性"

科技赋能下的环境治理从某种意义走的是一种技术路径，作为
核心的"大数据"本身就与多中心治理存在着"同构性"。大数据
作为一种数据来源，本来就是自由的、开放的、多中心的。[④] 基于
这样的技术核心价值理念之上建构的治理体系，也自然而然成了一
个"自由、开放、共享"的体系。大数据的生产、使用和消费都是
多元的，每个个体既可以消费数据，也可以作为生产者自我生产数
据。政府在这个数据的世界里不再是垄断者和单一的提供者。同
时，新技术还可以提升公众对于复杂技术和治理规则的学习和掌握
能力，这也就进一步提升了公众作为治理主体而言的治理能力。[⑤]
因此，大数据时代的环境治理的外部结构，很自然会成为一个由政
府、市场、社会共建的治理模型。特别是针对公众参与这个维度，
公众在大数据时代所掌握、获取数据的能力大大提高，其学习的能
力也得到了提升，其对环境问题的认识、对环境权利的诉求、对环

---

① 赵娟：《论环境法的行政法性质》，《南京社会科学》2001 年第 7 期。

② 蔡守秋：《第三种调整机制——从环境资源保护和环境资源法角度进行研究
（上）》，《中国发展》2004 年第 1 期；蔡守秋：《第三种调整机制——从环境资源保护和
环境资源法角度进行研究（下）》，《中国发展》2004 年第 2 期。

③ 郭武：《论中国第二代环境法的形成和发展趋势》，《法商研究》2017 年第 1 期。

④ 孙伟平、赵宝军：《信息社会的核心价值理念与信息社会的建构》，《哲学研究》
2019 年第 6 期。

⑤ 薛澜、张慧勇：《第四次工业革命对环境治理体系建设的影响与挑战》，《中国人
口·资源与环境》2017 年第 9 期。

境资讯的掌握、对环境决策的判断能力都得到了提升，也更有利于作为一方主体加入环境共治的网络。

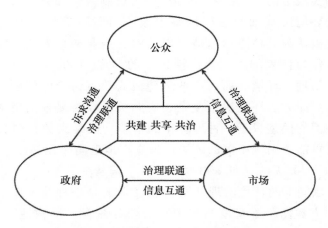

图 4 – 1　智慧化的多元环境治理

二　技术发展下的协同治理与政府改革

大数据天生具有自由、开放和共享的天性，但是通过数据路径进行治理的实践当中，却不可避免会遇到政府治理的内部结构问题。技术性的问题最终都可能被科技发展所突破，更难以突破的是政府内部的管理机制体制的束缚。我国自上而下的管理体系当中，存在着垂直管理部门和地方政府之间的"条块分割"问题，存在着部门之间的行政壁垒问题，存在着不同行政区划之间的行政无法越界的问题，存在着复杂的府际竞争导致的区域间难以合作的问题；也存在着由于权责不明晰、政府部门之间互相推诿的问题。在以往的流域管理、生态跨界补偿、区域间联防联控中，这些问题均有显露。当科技来临的时候，技术的发展很大程度上提升了政府环境治理的能力，科技的发展也让很多原先无法破解的难题得以消弭，数据也在尽量从整体性治理的逻辑中，对政府内部的治理结构进行改造，这就是"协同治理"需要加以特别探讨的原因。

协同治理（Collaborative Governance）是很早就广泛应用于环境治理领域的治理理论。像空气、水这样的环境资源要素具有流动性和跨界性，解决跨界河流、全球性环境问题，比如气候变化问题的时候，就需要依托协同治理理论探索更有效率的问题解决路径。[①]比如，我国新安江流域的跨省流域生态补偿问题的解决。浙江需要上游安徽提供优质的水源，就需要浙江对安徽做出市场化的生态补偿，而不是单纯依靠国家层面出台，通过行政管制的方式敦促安徽为浙江提供水源。地方政府在探索水资源提供的问题方面，也会增进彼此的合作和沟通。再比如，京津冀地区的雾霾治理问题，并不是城市自身可以解决的大问题，空气是流动的，如果要守卫"北京蓝"，那么跨界的雾霾联防联控就成为必然。在我国针对协同治理问题的探讨过程当中，怎样优化府际关系成为学者们的聚焦点。很多学者都希望通过优化政府内部结构，创建区域间的协商机制，促进协同治理。协同治理理论也是大数据时代的环境治理的重要理论来源。数据治理所要发挥出的巨大效能，还需要通过政府内部的机制体制改革得以实现。

第二节　大数据时代环境治理体系建设的制度创新

一　顶层设计开放，基础架构灵活

（一）以"标准化建设"推动顶层设计

大数据时代的环境治理体系的建设，需要注重标准化建设。构建这些标准系涉及多个层次。在感知层，需要统一传感器技术标准、传感器基础通用标准、传感器方法标准、传感器产品标准、短距离传输、自组网技术标准等标准。服务支撑层需要能够连接、集

---

① Wichelns, Dennis, "The Policy Relevance of Virtual Water Can Be Enhanced by Considering Comparative Advantages", *Agricultural Water Management*, Vol. 66, No. 1, 2004, pp. 49–63; Zehnder, Alexander JB, Hong Yang, and Roland Schertenleib, "Water Issues: The Need for Action at Different Levels", *Aquatic Sciences*, Vol. 65, No. 1, 2003, pp. 1–20; Hoekstra, Arjen Y. and Pham Q. Hung, "Globalisation of Water Resources: International Virtual Water Flows in Relation to Crop Trade", *Global Environmental Change*, Vol. 15, No. 1, 2005, pp. 45–56.

成和控制下层网络和感知层中的各种信息和设备，能够为上层提供整体统一的运营支撑。应用层标准应明确物联网技术标准、数据传输标准、系统接口技术规范、网络安全标准和规范。总体而言，应用标准和信息资源标准需要根据环境信息标准体系的更细化划分来制定。

另外，环境治理管理机构也需要将自己的数据与自己的管理平台进行协调。以国家实施的排污许可证为例，就有着国家层面的环境影响评价、排污许可证、环境统计、污染源普查、环境监测、监督执法等制度。此外，行政处罚必须到位，排污许可证必须是唯一身份证。实现污水企业建设、生产、关闭等生命周期各个阶段的全流程管理，保证污染源管理信息的互联互通，提高管理效率。①

（二）建立数据共享长效机制，推动信息共享

大数据时代环境治理的基础是环境治理信息的联合建设和共享，应建立数据共享长效机制，促进部门之间的数据共享。在一些地方，已经开始探索建设"数字发展和改革委员会"，以加快数字政府的发展，提升整个城市的信息化水平。同时，需要明确部门的数据权利，将数据上传、数据披露、数据共享的责任和权限进行更清晰的规定，对数据安全的责任进行更详尽的规定，这样才有可能真正实现数据的共享。以广州为例。在数据共享和数据开放方面，广州出台了《广州市公共数据管理规定》，明确了各级行政机关和公共企事业单位在数据采集、汇聚、共享、开放、安全、管理等工作要求，提升了数据运行流程中的安全性。②

（三）加强数据管理制度体系的建立和完善

数据的管理是一个全流程的数据资源生命周期的管理。以广州为例。在数据采集方面，广州研究编制了职能数据清单，明确一数一源的数据采集原则，对照各级部门"三定"方案，梳理得出政府职能职权相对应的全量数据资源目录清单；在数据规范问题上，广

---

① 赵胜军：《深圳市排污许可管理实践、存在问题以及工作建议》，2018年中美排污许可管理立法研讨会，会议论文。

② 广州市政务服务数据管理局：《2021年度工作情况的报告（市人大常委会开展满意度测评调研座谈会）》（调研中获得的资料）。

州编制了《广州市政务大数据公共数据元规范》，进一步规范公共数据采集、使用技术标准，制定了数据管理评价指标体系，以闭环管理倒推数据资源全生命周期管理各项工作。

二 填补立法空白，保障数据安全和明确数据权属

（一）完善数据权属及相关交易制度

大数据时代的环境治理体系的建设涉及各类新技术、新业态和新问题。如数据权属、数据的流通交易、数据跨境监管、数据安全、技术伦理等系列问题都是新问题。需要通过科学立法对流动数据的类型、范畴、处理方式、保护措施、风险防范等要素和内容进行细化规定，确保数据分享的安全性。① 数据本身的财产属性、公共性和共享性，要求相关的制度建设对其数据的财产化进行明确。② 应尽快研究出台《数据法》，针对数据的交易、流通、共享、处置做更为详尽的规定。

（二）跨境数据流通标准的建立

我国应尽快研究出台跨境数据监管的工作指引，指导地方开展跨境数据流通工作。在跨境数据流通方面，在尚未出台跨境数据监管工作指引的前提下，可授权地方对实验室、高校研究平台等数据进行跨境数据流通监管豁免，给予地方探索跨境数据流通机制的空间。以广州南沙（粤港澳）数据要素合作试验区为例。目前其正在积极探索国际互联网数据专用通道，并探索"数据海关"监管模式，但仍需要中央适当放权，给予更多的探索空间。同时，应尽快出台适用于粤港澳大湾区的数据流通标准和规则，兼顾香港、澳门地区的特殊规则和制度，在保障国家安全和数据安全的前提下，让境内数据有效对接港澳制度。实现数据接口标准的规范化、数据安全的规范化、代码共享的规范化和垃圾数据处理的规范化。以广州为例。2021 年 11 月 25 日，广州发布了全国首个基于区块链技术的

---

① 许多奇：《个人数据跨境流动规制的国际格局及中国应对》，《法学论坛》2018年第 3 期。

② 冯晓青：《数据财产化及其法律规制的理论阐释与构建》，《政法论丛》2021 年第 4 期。

"信任广州"数字化平台,并与香港签订了《穗港可信认证服务合作备忘录》,推进跨境的可信互认和政务服务的互联互通。

三　政府数字权力流程再造,从碎片化走向整合

(一) 重构政府治理权力运行流程

重构政府治理的权力运行过程,明确责任边界。现在政府内部的各个科室的运行逻辑,仍然是以自身便利为主。应依据智慧化治理体系对大数据运行进行政府的数字权力流程再造。各个行政部门的运行逻辑应以怎样实现和保障智慧化治理为前提,而非以本身原有的行政职能实现为前提。

(二) 明确行政部门数字权力边界

目前政府机构在开展数据收集、整合和共享过程中面临的一个巨大困境是,各部门的上传、公开、共享的权责相对并不明晰。一些职能部门只有数据上传的义务,却需要逐级审批才能获得数据共享的权利;一些职能部门出于部门利益和安全考量,有限提供部门所掌握的公共信息数据。在这个方面,建议要明确职能部门的数据权利和责任边界,探索建立更为明确、落地的数据责任。同时,数据在共享的过程中,面临着"条块分割"无法对接共享的局面,一些地方难以获取与地方相关的垂直管理部门掌握的数据。建议简化相关的数据审批流程,推动政府条块之间的数据共享效率。而在目前风风火火展开的数据要素市场领域,针对数据采集、共享、流通、确权、交易、监管方面的权责尚未明晰,需要探索和建立责任清晰的数据权利制度体系,以保障要素市场的数据流通和数据安全。

四　转变政府的治理理念,实现智慧化的多元治理

大数据时代的环境治理的目的是以信息化为手段,实现市场、政府和公众的共建、共享、共治,形成三者之间的信息交流、诉求沟通和治理合力的关系。

(一) 保证公众参与,提升市民公众意识

真正的大数据时代的环境治理带来的是文化、制度和技术的创

新。可以汇聚全体市民的智慧和不同城市的力量，实现区域环境治理有机共存，协同共治。① 大数据时代的环境治理的信息化的工具是一个平台的搭建，这种工具的应用目的是促进社会交流，并保证公众在参与环境公共事务过程中的权利义务，做到公开公正透明。同时，这种作用是正向和相互的，公众在了解环境政策的过程当中，也会逐步提升自我的环境意识，使公众明确个人身份和责任，积极参与环境治理等公共活动。许多城市开展的垃圾智能分类工作的本质就是让公民个人对自己的环境治理负责。

（二）运用市场的力量，共建环境的智慧化治理体系

在大数据时代，政府不再作为垄断的一方掌握所有的数据，很多企业、公司、社会组织甚至个人都可以生产、分析和传播数据。例如，开发"彩云天气 App"的公司使用爬虫技术来分析来自网络的气候相关数据，预测天气情况，天气部门甚至都需要向该公司购买数据。目前，我国的许多地方政府尚不具备独自建立智慧化环境治理系统的能力，因为该系统需要定期操作和维护，需要大量的资金和技术来实现网络安全维护、数据深度挖掘和分析。② 政府可以通过购买服务满足这一需求。

（三）探索社会利益惠益分享机制

大数据时代的环境治理，其最终目标还是让新技术带来的福祉可以更为平等地惠及每一个公众，循着这个治理目标，需要我们扩大大数据治理过程中的民主机制，通过新技术、新平台扩大公众参与的渠道和路径，为智慧化环境治理建立民主机制，而公共参与和民主协商的赋权必须与人们的日常生活相融合。同时，要进一步探索社会福利的共享机制，使智慧化治理体系的成果为人民所共享，而非被科技和资本裹挟造成更大的社会危机；探索并改进为特殊弱势群体提供公共服务系统的方法，以便他们可以享受智慧化治理带来的福利。再者，需要完善科技立法，明确技术的道德界限，保护

---

① 赵宇峰：《城市治理新形态：沟通、参与与共同体》，《中国行政管理》2017 年第 7 期。

② 张琳、陈军：《"智慧环保"建设中关键问题探讨》，《环境与可持续发展》2016 年第 4 期。

公共隐私权。明确科技发展的目的是"以人为本",是为人服务的,防止科技为资本掌控。

本章小结

生态风险和环境问题具有系统性、不确定性和复杂性,因此一直以来,依靠单一的政策工具都很难有效应对环境问题。大数据作为一种数据来源,本身就是自由的、开放的、多中心的。基于这样的技术核心价值理念之上建构的治理体系,也自然成为一个"自由、开放、共享"的体系。如果以政府的环境治理作为基石,探讨优化大数据时代的环境治理的路径,主要从两个维度展开。一是在外部结构方面,探讨怎样打开思路,构建更为多元的环境治理结构;二是在政府内部的环境治理结构方面,探讨怎样破解部门壁垒、科层制结构的束缚,全力"以问题为中心"而不是基于部门权力为基础展开治理。

在具体破解大数据时代环境治理所遭遇的困境方面,需要构建更为开放和基础灵活的顶层设计,对政府的数字权力流程进行再造,重构政府治理的权力运行过程,明确责任边界。同时,需要填补立法空白,保障数据安全和明确数据权属,转变政府的治理理念,实现智慧化的多元治理。

中　篇

重点发展领域和域外经验

第五章 环境治理现代化与
环境邻避治理

——以垃圾焚烧厂项目为例

进入大数据时代后，由于环境信息的传播和交互方式巨大变化，使得环境邻避问题愈演愈烈。有很多研究对环境邻避冲突的成因展开了深度分析，比如公民环境权利日益提升促发了环境邻避运动，比如信息不对称与沟通渠道不畅加重了环境邻避冲突，比如知识鸿沟与信息传递方式所导致的信息放大现象等。本章通过对双重博弈结构的理论的引入，分析邻避冲突的发生机理，并希望通过协商民主路径和信息优化的方式，破解环境邻避冲突的循环怪圈。

第一节 环境邻避治理现有解释进路之反思

一 邻避问题与环境邻避问题

邻避问题是"别在我家后院"（NIMBY，Not In My Backyard）[①]的意译。邻避设施指代的是一些公共设施，这些设施将惠益于大部分公众，但损害了部分群体利益。[②] 实际上，公众认可邻避设施建设必要性，但邻避设施具有负外部性，对附近居民可能会存在直接或者间接的风险和损害，因此邻避设施的选址问题就成了争议的焦点。而其中与环境问题相关的邻避问题，我们称为环境邻避问题，

[①] 除了英文 NIMBY 之外，还有 NIMTOO（Not In My Term Of Office）、LULUs（Locally Undesired Land Uses）、BANANA（Build Absolutely Nothing Anywhere Near Anyone）等称呼。详见 Gerrard, Michael B., "The Victims of NIMBY", *Fordham Urban Law*, Vol. 21, 1993, p. 495.

[②] 何艳玲：《"中国式"邻避冲突：基于事件的分析》，《开放时代》2009 年第 12 期。

比如污水处理厂、垃圾填埋（焚烧）厂、核电站等由于选址产生的社会问题均可列入其中。而垃圾焚烧厂的建设和选址所引发的冲突和社会矛盾更为显著。

2010 年，据中国城市环境卫生协会统计，我国每年产生近 10 亿吨垃圾，随着城镇化速度的加快，城镇生活垃圾还在以每年 5%—8% 的速度递增，"垃圾围城"变成了我国很多城市面临的现实问题。从中央部委到地方，均发布了相关文件指出，"土地资源紧缺、人口密度高的城市要优先采用焚烧处理技术"来解决垃圾的问题。① 但各地方因垃圾焚烧厂引发的群体性事件不断，邻避冲突严重，严重制约了垃圾焚烧厂项目的推进。个别地区出现因垃圾焚烧事件产生的负面舆论甚至抗议，城市治理遭遇到了前所未有的挑战。虽然邻避冲突频发，学界与实务界多方关注，但在实践中却仍然难找到一条规范的、有效的解决邻避冲突的路径，邻避冲突的治理陷入了"封闭式决策"和"叫停式补救"的怪圈。

二　环境邻避治理文献综述与研究进路的反思

关于环境邻避冲突的治理研究，我国台湾地区从 20 世纪 80 年代开始研究，而大陆地区随着近些年邻避冲突的增多，也逐步开始加强研究。既有的文献研究对邻避冲突的成因分析已初具规模，其中比较有影响力的学理解释主要有以下几种。②

（一）公民环境权利意识的提升与对环境不公平的反抗

随着中国经济的不断发展，公众对环境产品的诉求越来越高，对环境权利保障的要求越来越高，这实际上是公众从生存权向发展权过渡的正常表现。中国已经在全世界列入中等以上收入国家，对

---

① 如 2010 年住建部、发改委、环保部发布的《生活垃圾处理技术指南》指出"对于土地紧张、生活垃圾热值满足要求的地区，可采用焚烧处理技术"。2011 年，国务院批转住建部、环保部等国家十六部委《进一步加强城市生活垃圾处理工作意见的通知》（国发〔2011〕9 号），其中指出"土地资源紧缺、人口密度高的城市要优先采用焚烧处理技术"。

② 除却文中所提到的几条主要分析进路，公民的自私心理、自利性（如对房价的担忧）等也在相关分析中被提及。

于美好生活的追求成为中国人当下的现实图景。目前垃圾围城成为大部分地方面临的严峻的"城市病"。大部分城市居民也认可，城市需要建立环境公共设施解决垃圾问题。但是环境邻避设施的选址，成为一个关乎"社会公平"的问题。由于垃圾焚烧厂这一类的环境邻避设施具有负外部性，那么为什么选址在自己家旁边，就成了公众更为在乎的问题。因此一些研究认为，环境邻避问题的实质是公众对"环境不公平"① 现象的抗议和对自我环境权利的保护。②

　　这些研究将中国的环境邻避问题放在西方的环境正义理论框架之下，但却忽视了中国环境邻避问题和西方环境正义运动之间的本质区别。西方自 20 世纪下半叶开始兴起的"环境正义"运动关涉种族、性别、歧视、贫富差距等深层次的社会问题，并最终上升到有理论指导高度的一场深刻的社会变革。西方的环境正义运动最终带来了环境政策与法律的变革。③ 但是回看中国的现实情况，环境邻避运动之间是割裂的、单次的、突发的、偶然的。每一场环境邻避运动的背后，似乎难以找寻到深切的关联性。这类环境邻避事件的目标简单而直接，要么是为了获得更高昂的环境补偿，要么是希望关停环境邻避设施，整场运动会随着邻避设施项目的终止而终止，不会衍生出后续、诉求更高的环境运动。④ 在这些环境邻避事件发生之后，也没有相应的理论提升和指导，这些事件最终并没有发展成"环境运动"。有关环境公平或者环境正义的相关理论，似乎很难作为指导性理论分析我国环境邻避事件发生的根源。

---

　　① 此处的环境不公平主要包括城乡环境不公平和地区间的环境不公平。

　　② 华启和：《邻避冲突的环境正义考量》，《中州学刊》2014 年第 10 期。

　　③ 美国环境正义运动起源于 1982 年的美国北卡罗来纳州华伦县（Warren Country, North Carolina）的居民上街进行游行示威，抗议在阿夫顿社区附近建造多氯联苯废物填埋场，后有 500 多名示威者遭到了逮捕。这场游行抗议活动成为美国民权运动的一部分，并引发了美国境内一系列有关穷人和有色人种权利的抗议行动，被统称为"沃伦抗议"（Warren County Protests），这场运动拉开了美国环境正义运动的序幕。后政府在制定环境决策时，环境正义与公平（与种族平等、风险分担等相关）的问题被作为非常重要的部分考量。

　　④ 何艳玲：《"中国式"邻避冲突：基于事件的分析》，《开放时代》2009 年第 12 期。

（二）信息不对称与沟通渠道不畅

地方政府在决定兴建环境邻避设施的决策过程往往是封闭的，虽然环境邻避设施的建造与辖区内居民的利益紧密相关，但是这些民众却无法直接参与环境决策过程，往往是临到关头被通知。这种决策过程中的信息不公开，往往会造成有关邻避设施的信息不对称，虚假信息和谣言反而不胫而走，导致公众对环境邻避设施的"误解和抵制"。同时，当公众想要对环境邻避设施的规划和布局表达意见的时候，实践中又缺乏政府与民众之间便捷、有效的沟通平台，使得公众不得不采取游行、示威等方式，以激起政府的重视。环境邻避问题中公众极端化的行为，其实是其表达民意的方式。①这个分析看似合理，但实际上我国已出台了一系列法律、法规，将"公众参与"作为明确的决策环节加入环境邻避设施的规划，比如《环境影响评价法》（2002 年）、《规划环境影响评价条例》（2009年）等。以上的分析进路虽然解释了公众为什么以极端化方式表达意见，却无法解释政府为什么在法律、法规有明文规定的前提下，依旧选择做封闭式决定。

（三）知识鸿沟与信息放大

对环境邻避设施风险的理解是需要较高的知识门槛的，由于知识储备的差异，公众很难逾越对环境邻避设施的认知障碍，比如二噁英、Waterleau 焚烧炉排技术、CFB 烟气净化技术等都属于公众难于跨越的知识鸿沟。在公众无法完整理解邻避设施的风险性和相关技术时，就会产生恐慌。同时，随着科技的发展和信息传播方式的异化，公众很难在纷繁复杂的信息当中进行甄别，一些有偏差的信息就会被放大，进一步扩大了公众对邻避设施的恐慌心理。此种解释进路也有一定的合理性，但我们认为，如果政府可以进行完善的信息公开，公众可以有效率地参与邻避设施的决策过程，可以在一

---

① 郑卫：《我国邻避设施规划公众参与困境研究——以北京六里屯垃圾焚烧发电厂规划为例》，《城市规划》2013 年第 8 期；马奔等：《当代中国邻避冲突治理的策略选择——基于对几起典型邻避冲突案例的分析》，《山东大学学报》（哲学社会科学版）2014 年第 3 期；郭尚花：《我国环境群体性事件频发的内外因分析与治理策略》，《科学社会主义》2013 年第 2 期。

定程度上化解分歧、填补知识鸿沟，预防环境邻避事件的爆发和升级。但是，此种分析进路无法解释，政府为什么在经历了多次环境邻避冲突的教训后，没有改变决策方式，还保持着封闭式决策的路径。

（四）政府公信力不足与公众的抵触情绪

环境邻避事件频发，一方面是由于公众对邻避设施本身风险性的质疑，另一方面也源于对政府在环境监管过程中的权力寻租和监管缺位的质疑。特别是各类重大环境污染事故，如铜酸水渗漏事故、血铅超标事故、铬渣污染事件等的发生，进一步加重了这种社会恐慌。因此在很多环境邻避冲突实践中，公众均表达了一种强烈的情绪，即对环境邻避设施运行过程中的监管的不信任。[1] 这种分析进路也有一定的道理，特别是在大数据时代、网络化时代，政府的去中心化问题严重，信息传播路径的多元化让政府的权威性进一步降低。但是这种分析进路无法全面解释，为什么政府不在环境邻避设施规划决策过程中，开展信息公开和信息沟通，以降低公众的误解和提升政府的公信力，反而选择以一种会加重误解和偏见的决策逻辑展开决策。因此，问题又回到了原点。

上述几种分析进路其实质都指向了一个终极问题，即"政府为何不事先采取某种措施防止上述问题的发生"：政府为何不完善环境决策公众参与的模式，与公众进行有效的谈判；政府为何不事先与公众对话，填补知识鸿沟，加强信息对称；政府为何不事先完善环境监管，加强政府的公信力。要解决以上问题，还需要从一个更为宏大的结构中去分析。从整体主义的视角分析，环境邻避设施冲突事件不仅仅关涉公共安全的风险治理，其嵌入在整个社会综合治理体系当中。当前我国所面临的这种"决定—宣布—辩护"式的环境邻避设施的建设过程，和"一闹就停"的政府决策，其实质是当下社会经济发展模式的一个部分。从某种意义而言，地方的社会经济发展模式是制约环境邻避设施科学决策，导致邻避冲突频发的重

---

① 刘细良、刘秀秀：《基于政府公信力的环境群体性事件成因及对策分析》，《中国管理科学》2013 年第 11 期。

要原因。本章将从地方官员与官僚体系、公众之间的博弈关系结构
入手，探析地方政府在邻避冲突治理领域的行为逻辑。

第二节　双重博弈结构中邻避
冲突的发生机理

一　双重博弈结构的内涵

　　双重博弈的假说最早由王珺提出，用于解释我国国有企业经理
激励不足的现象①，后相关学者运用此模型针对我国学校领导的激
励机制②、国有企业内部资本市场配置效率等问题进行了探讨，后
由吴元元引入法学界，从法律经济学的视角对法律制度的安排、运
动式执法等问题进行了更为深入的探讨。③双重博弈结构的内涵
是，由于行为人处在重复、长期的博弈和单次、短期的博弈的双
重博弈结构中，此结构会产生相应的激励效应，对行为人的行为
偏好产生影响。我们尝试运用此理论模型对邻避冲突治理中的地
方官员行为进行分析，探析目前邻避冲突治理困境的根结。

　　地方官员与其所任职的官僚体系之间是一种重复的、长期的博
弈关系，这种长期关系的保持和存在有两个非常重要的原因，第一
个重要原因是官僚体系相对于官员而言处在一种支配性的优势地
位，官员同政府之间的博弈同个人之间的博弈完全不同，当地方官
员发生背叛行为时，官僚体系并不需要退出博弈，政府只需要更迭
所任命的官员就可以彻底解决与个体博弈之间的矛盾和冲突。④从
这个意义而言，官员之于官僚体系，没有博弈中的优势筹码，而为
了不用退出博弈机制，官员就需要遵从官僚体系所定下的博弈规

---

①　王珺：《双重博弈中的激励与行为》，《经济研究》2001 年第 8 期。
②　向志强、孔令锋：《我国学校领导激励机制的双重博弈》，《社会科学家》2006
年第 5 期。
③　吴元元：《双重博弈结构中的激励效应与运动式执法——以法律经济学为解释
视角》，《法商研究》2015 年第 1 期；吴元元：《双重结构下的激励效应、信息异化与
制度安排》，《制度经济学研究》2006 年第 1 期。
④　王珺：《双重博弈中的激励与行为》，《经济研究》2001 年第 8 期。

则，比如目标考核制中的各项指标的完成。而第二个重要原因，就是官员退出官僚体系的成本依然较高，对于大部分在体制内工作的官员而言，其缺乏意愿和动力离开体制生活。

相对于同官僚体系的长期的、重复的博弈关系，地方官员同公众和垃圾焚烧厂中标企业之间的关系是短期的、单次的博弈。因此，地方官员很难将公众的诉求放在优势地位。

对于垃圾焚烧厂这些邻避设施的中标企业而言，政府一旦出于维稳的原因将整个项目叫停甚至关停，这些企业将承受很大的经济损失。政府违背与这些中标企业所签订的合同的重要原因之一，就是这些合同的违约对地方官员并没有约束力。环境邻避设施的建造和运营方大部分都是专业化的企业，它们与政府签订特许经营合同，即使政府违约也并不会影响到主政官员本身的利益。政府同企业在签订这些特许合同的地位上面有相对优势。因此，这些企业同辖区内的公众一样，由于和地方官员之间是一种短期的、单次的博弈，一旦官员被调离或者退出目前所在岗位，这种博弈关系就相对弱势。

二　双重博弈结构对邻避冲突治理的影响

长期、重复博弈的基本特征是，地方主政官员将反复地、长期地与博弈相对方相遇，因此如果在上一轮博弈中没有采取合作的态度，那么在下一次相遇中有可能就会受到对方的惩罚。而短期博弈或者单次博弈，意味着即使在上一轮博弈中没有采取合作态度，但有可能不再遇到。因此，地方官员与科层制上级部门之间的重复、长期博弈就变成了强激励，而与公众和中标企业之间的博弈就变成了弱激励。[1] 当弱激励的价值目标与强激励一致时，其激励效应才会得以发挥，而当弱激励的价值目标与强激励相违背时，其激励效应就会被选择性忽略。

以垃圾焚烧厂的建设为例，政治激励意味着地方主政官员如果在上一级政府规定的时限内完成了任务，考核达标，则有

---

[1]　吴元元：《双重结构下的激励效应、信息异化与制度安排》，《制度经济学研究》2006 年第 1 期。

可能进入下一轮的晋升竞争当中去。政治问责,意味着地方政府官员如果没有按期按量完成垃圾厂的建设,考核不达标,其进入下一轮晋升竞争的可能性就变小。为了避免在某一层级被淘汰,是否能让项目按期"顺利上马"便成为地方官员最为关切的,这也就压缩了地方政府"理性思考"的空间,削弱了城市规划的"可持续"的可能性。在急于达成结果的过程中,地方政府官员更倾向于采用封闭化的独断式也是最"有效率"的决策模式。

另外,在垃圾焚烧厂建设过程中,由于与政府谈判方的主体很难确定,谈判主体之间存在利益冲突,复杂性、信息对抗性等因素,造成政府与公众的谈判、对话成本过高,地方政府为了按时完成指标,而干脆选择规避与其对话的可能性。

一是谈判方很难确定。在垃圾焚烧厂建设的案例中,代表利益相关的公众方极难确定。利益相关方应该确定在1公里以内、3公里以内还是5公里以内的所有群体很难确定。

二是谈判方之间存在利益冲突。即使利益相关群体能确定,但是由于他们都是个体,每个人之间的诉求是不一样的,那么补偿即使能满足这一部分公众也无法满足其他公众。

三是复杂性、信息对抗性。由于垃圾焚烧厂的设计、施工方和所在地的居民之间存在利益对抗的情况,所以利益相关公众对设计、施工方所提供的垃圾焚烧厂本身的信息是不信任的。他们往往会寻找其他"专家"来做研究。但是科技的复杂性本身会让这些问题显得更加复杂。[①]

因此,虽然法律、法规均明确规定了环境影响评价中的公众参与过程,但是由于双重博弈结构中长期博弈所产生的强激励机制,地方官员更倾向于封闭式的环境决策,让公众参与的过程流于形式。

---

① Richman, Barak D., "Mandating Negotiations to Solve the NIMBY Problem: A Creative Regulatory Response", *UCLA J. Envtl. L. & Pol'y* 20, Vol. 20, 2001, p. 223.

第三节　环境邻避设施的封闭式决策之弊

一　事前项目规划存在疏漏

一方面，在有相对时限的任期内，相对于用漫长的时间论证环境邻避设施的可行性、可持续性和选址，地方主政官员更乐于看见"项目落成"。在快马加鞭的项目论证过程中，专家们往往更看重"可行性分析"而非"不可行性分析"，项目论证往往缺乏严谨的地理环境分析、科学技术的论证和比对，因此，许多环境邻避设施的规划本身存在着问题。同时，由于缺少公众参与，封闭式的决策使得项目规划过程由政府"自说自话"，缺少了不同的声音，很多潜在的风险和问题无法被预计到。

另一方面，垃圾焚烧厂项目目前大多采用 BOT 模式①，但在招投标过程中，由于缺乏公众的声音，部分企业缺乏资质甄别。同时，为了跑马圈地，垃圾焚烧厂行业内部竞争恶劣，相关的招投标报价不断爆出新低，致使其在后续的经营中将存在隐患。据相关数据显示，一般情况下垃圾处理的费用应该在 60—80 元/吨左右，但2015 年各地政府的垃圾焚烧厂中标项目价格均低得惊人。② 这些项目在未来的运营过程中必然会存在企业为了赢利而带来的违法可能性，存在较高的隐患。

二　事中项目环境监管虚置

垃圾焚烧厂项目即使通过了环境影响评价，也并不意味着其必然会遵循安全生产和相关的环境标准进行运营，政府监管仍然在其中起着很大的作用。但当前地方政府重"上项目"而轻视项目的长期监管，在环境安全管理中的监管懈怠并不是个别现象，制度化和

---

　① BOT 是基础设施投资、建设和运营的一种模式，指的是由政府向企业授权，允许其在建设、管理的特许经营期限内获得收益。
　② 《垃圾焚烧发电行业现低价恶性竞争或引发环境问题》，http://news.sohu.com/20150821/n419420803.shtml，2018 年 1 月 3 日。

常规化的安全运营监管并没有形成常态，相反，不作为和监管懈怠已成为"常态"。地方政府更多地依靠运动式、突击式的执法方式来进行安全生产运营的查漏补缺，这也是近些年环境安全责任事故频发的缘故。

三　预期社会效益受损

由于封闭式的环境决策，所以当公众真正关注到与其自身利益相关的垃圾焚烧厂建设项目时大多已在确定项目建设规划地点之后了，有的已通过了各级的环境影响评价的审批阶段，有的甚至项目几近竣工，这样的建设项目一旦被叫停，将造成巨大的社会成本的浪费，也对负责建设和运营的企业造成不可预期的损失。另外，为了避免事态扩大和规避"一票否决"所产生的责任，地方政府更倾向于采取"叫停"的方式缓解社会矛盾，但这种补救方式一旦"常态化"，将使得公众形成只要"把事情闹大"就可以增加其与政府"讨价还价"资本的认识，进而加剧了环境群体性事件爆发的潜在风险，也会使得部分可预期的项目变得不可预期。

四　环境邻避冲突"常态化"

封闭式的环境决策所造成的信息封闭和不对称，会使得公众对政府的信任度降低，其参与权、知情权、表达权、监督权的行使受到了体制性的挤压[①]，使得其站到政府的对立面，同时，新媒体的扩散和信息异化会进一步加剧这种对抗情绪。在公众无法找到有效路径表达民意和舒缓情绪的情况下，群体性事件就变成了其向政府表达意见的方式。地方政府官员的"趋利避害"导致其更倾向于以"叫停"项目的方式去规避其在政治上面临的风险，但此类叫停项目环境决策的常态化，使得公众更倾向于采用以极端化的群体性事件的行为方式去获取利益，而摒弃走正常化的行政复议、行政诉讼、上访或与政府对话等其他方式进行权利救济，这进一步加剧了地方政府与公众在垃圾焚烧厂项目建设方面的谈判成本，使得政府

---

① 王锡锌：《参与式治理与根本政治制度的生活化》，《法学杂志》2012年第6期。

在接下来的项目中宁可尝试延续"不动声响"的规划决策，将原有的项目改头换面再上马，也不愿意让公众参与引发轰动，而让项目直接下马，这让环境邻避冲突陷入无法抽离的怪圈。

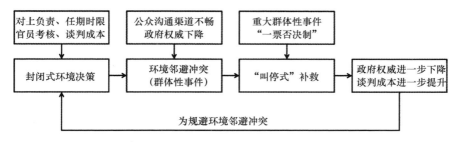

图 5 - 1　我国环境邻避冲突怪圈

第四节　协商民主与信息优化

在双重博弈结构中，我们发现，如果可以通过改变博弈的强弱关系，就有可能改变政府的行为偏好，进而优化环境邻避冲突的治理路径。本章提出，可以逐步改良政府的官员考核和评价机制，比如纳入环境决策问责机制，以改变博弈关系中的激励机制；同时，推进政府的信息化建设，通过数据本身具有的公开、共享和自由的属性，打破政府内部的封闭决策逻辑，从技术上倒逼政府的决策模式改变。

一　推进辖区内环境决策问责制度，走向"协商民主模式"的环境公共决策机制

大部分学者对邻避冲突的主要治理思路是通过信息公开、公众参与、风险沟通，提升政府公信力，消除公众的担忧。但以上治理进路所涉及的具体制度不外乎信息公开制度、公众参与制度和环境影响评价制度。实际上，无论是《环境影响评价法》《行政许可法》《政府信息公开条例》还是其他相关法律、法规，对这三项制度均有较为完善的规定。如果能让已有的法律发挥其风

险预防功能，就可以有效规避邻避冲突的发生。但在实践中，由于双重博弈结构的存在，法律的运行往往流于形式，公众参与的权利无法得到保障，如问卷调查、项目听证会等公众参与的方式虽在开展，但是公众很少能在这个过程中真正做到参与政府决策，相关的讨论、争论也乏善可陈。这也是很多邻避设施建设项目虽然在形式上通过了环境影响评价，但最终仍会引发群体性事件的根源，即公众的声音、不解、诉求并没有在现有的公众参与机制中得到体现。政府只是在形式上满足了法律的程序，但没有真正将公众参与带来的实效纳入决策过程当中。打破政府封闭式的环境决策的现状，关键在于充实公众的实质性的环境参与权。但是如前文所述，充实这种参与权面临着很多的挑战，因此，引入一种新的环境公共决策的模式，将有助于问题的解决。在此，本章并不旨在提供一个具体的可操作的环境邻避设施的公共决策模式，只是尝试为接下来的制度探索提供一个视角，即"协商民主"的理论视角。

协商民主的相关研究于 20 世纪 80 年代在西方学术界兴起，2002 年中国学术界开始接触并逐步展开有关协商民主的理论研究。协商民主所强调的是对民主过程情绪化的制约，强调公开利用理性，慎重决策以及对权力的制约。这其中有几个要点：第一，协商民主过程的主体间是平等关系；第二，这个过程强调各方倾听并尊重他人的声音；第三，过程中要有理性的公开对话和辩论等。[1] "协商民主模式"的环境公共决策更强调的是专家、政府、公众和其他利益相关群体在决策过程中的信息共享、争论、辩论和协商，让各方可以理性地在一个平台上分享信息和交流意见，对不一致的地方进行反复的讨论。在这个讨论的过程中，各方可以形成一种宽容和理解的氛围。

"协商民主模式"的环境公共决策机制既不意味着"公众决策"，也不意味着以公众为主导进行决策，由于公众知识的碎片化、个体性，公众相互之间的利益诉求差异化等因素，公众决策并不意

---

① 陈家刚：《协商民主与国家治理》，中央编译出版社 2014 年版，第 10 页。

味着比政府封闭式的决策更为理性。① 但是政府的决策需要公众的参与，这种参与并不拘泥于形式，其更关注的是讨论过程的开放性和对公众知识和价值诉求的尊重，其主要有以下几点优势：第一，协商民主模式下的公众参与可以限制政府在决策时的权力滥用；第二，协商民主模式下的公众参与可以使得政府听到不同的声音，优化决策方案；第三，协商民主模式下的公众参与为政府和公众提供了一个沟通平台，使得双方在讨论过程中互相宽容和理解；第四，协商民主模式下的公众参与可以促使不同文化和利益主体之间的交流和理解；第五，协商民主模式下的公众参与决策模式并不必然导致决策效率的低下。

　　回归现实，在双重博弈结构中，让地方政府主动开展"协商民主模式"的环境公共决策机制是非常困难的，地方政府官员最为关心的就是与上一级政府评价相关的"绩效考核"，如能将基于绩效考核指标的强激励体系进行调整，将有利于突破地方政府现有的封闭式环境决策的困境。当前的绩效考核偏向于可计量和测算的数据考核，因此诸如垃圾焚烧厂等"看得见"的环境邻避设施的建立顺理成章地可以变为政府可测量的"绩效"，但如果变地方政府的"行政结果问责"为"行政决策问责"，不失为一种改革思路。有学者指出，"要减少或避免决策失误，必须建立决策责任制度，防止决策权力的滥用，加强对决策失误的问责"②。

　　环境行政的决策问责主要有两个方面的机制：一是惩罚机制，二是回应机制。惩罚机制主要涉及两个方面：第一，地方政府官员需要对引起重大社会利益损害的环境决策负责，决策问责可以制约地方政府的权力，促使其主动开展"协商民主模式"的环境公共决策来减少自身决策失误的可能性。第二，要为地方政府的环境决策设立"公众参与度"的相应指标，在决策没有完成相应指标的情况下，地方政府官员也会被问责。这一点同时也可以作为地方政府在

---

　　① 王锡锌：《公众决策中的大众、专家与政府》，《中外法学》2006 年第 4 期。
　　② 钱玉英、钱振明：《制度建设与政府决策机制优化：基于中国地方经验的分析》，《政治学研究》2012 年第 2 期。

特殊情况下的"免责条款"。这一方面可以制约地方政府"拍脑袋做决定"的可能性,另一方面也可让地方官员不会因为畏惧"一票否决制"的惩罚力度而陷入封闭式决策的怪圈。环境决策问责的"回应"机制指的是政府对公众的回应,即环境决策主体有责任向公众公开决策信息,并告知和解释其决策的过程。① 虽然相关的法律对政府的信息公开都做了规定,但是科层组织更关注的是如何完成组织任务,因此通过绩效考核的方式可以进一步保障环境信息的有效公开。

二 加强政府信息能力建设,提升政府邻避冲突的治理能力

在双重博弈结构下,环境邻避冲突的治理一方面可以从激励机制的改变上面入手,改变博弈的强弱关系,以改变政府的行为偏好;另一方面可以从优化政府的信息传递能力、舆论应对和引导能力入手,让政府不再陷于对舆论掌控的恐慌当中,在面对邻避冲突时,不再以"关停""叫停"的方式做出有巨大社会损耗的决策。

第一点,在环境邻避设施规划建设的过程中,应将信息公开和公众参与落到实处,而不能仅限于满足法律程序上的合法、合规。建议学习美国危险物品场域动态地图信息公开的经验,构建邻避设施规划动态地图,使得与辖区内居民利益切身相关的邻避设施的规划信息得以统一,方便查询。这些信息的公开应该是详细的、标准化的、有信服力的,同时这些信息的获取应该是便利的、可及的,对相关专业技术的解读应该是权威的、容易理解的。只有将利益相关群体真正纳入环境邻避设施信息传递的接收方,才有可能降低政府与公众之间的信息鸿沟和差异。同时,这种信息公开的平台的建立,信息交流应该是互动和双向的,政府可以通过平台掌握舆论的导向,并展开积极的回应,通过和公众之间的信息交流和沟通,提升政府的公信力。

第二点,政府应该加强对环境邻避设施的决策平台建设和环境

---

① 谷志军:《决策问责:行政问责的新发展》,载深圳大学当代中国政治研究所编《当代中国政治研究报告》,社会科学文献出版社2015年版。

监控体系建设。环境邻避设施的建立具有高度的复杂性，通过大数据、物联网、云计算等技术，可以从庞大的数据当中对邻避设施的环境风险进行深度智能分析，这样更有利于帮助政府进行决策。而通过污染源在线监控系统、环境预警分析系统和城市环境应急管理系统的建设，政府可以实时监控环境风险并发布预警，从技术层面提升政府的环境监测水平和预警能力，消除公众对政府环境监测能力的质疑。比如深圳市到 2015 年已经实现了对全市所有电厂、城市污水处理厂和生活垃圾焚烧发电厂 70% 的重污染企业的智能在线监控。①

环境治理现代化的深圳实践案例八

深圳市网络舆情应对能力榜②

习近平总书记明确指出，"要把网络舆论工作作为宣传思想工作的重中之重来抓。宣传思想工作是做人的工作的，人在哪儿重点就应该在哪儿"。舆情工作一方面需要加大信息公开，让政府更加透明和开放，另一方面需要加强政府同公众的沟通渠道，建立协商平台。而怎样促进政府从内部进行改革，加强政府舆情应对能力，是值得思考的。以深圳为例，其 2012 年创建了"网络舆情应对能力榜"。该榜单设由"响应速度、信息发布、机构行为、网络引导、应对成效"五个指标和"绿蓝黄红"四种颜色代表的评价等级组成。同时，2016 年深圳制定实施了《深圳市政府绩效管理办法》，将舆情应对能力作为一项重要指标纳入政府绩效考核体系，从考核指标的层面推动了政府的信息公开，并提高了政府利用新媒体引导公众行为的积极性。

---

① 杨学军、徐振强：《智慧城市中环保智慧化的模式探讨与技术支撑》，《城市发展研究》2014 年第 7 期。

② 案例资料来源：雷雨若、唐娟主编《社会治理的"先行示范"：深圳实践》，重庆出版社 2020 年版，第 383 页。

本章小结

在大数据时代，公众的环境权利意识不断提升，对信息获取的途径更加广泛，其对环境类的专业技能知识的掌握也借助新型的技术在不断进步，在这样的大背景下，也促发了很多环境邻避冲突的频频爆发。学者们从公民权利意识、环境公平、信息不对称、沟通渠道、知识鸿沟、政府公信力等角度对环境邻避冲突的诱因进行解释。本章提出，由垃圾焚烧厂引发的邻避冲突的深层次原因是在双重博弈结构中，行政科层对主政官员形成强激励，而辖区内公众和邻避项目的中标企业对其形成弱激励，因此对地方主政官员的行为偏好产生影响，由此使得邻避冲突的治理陷入了"封闭式决策"和"叫停式补救"的怪圈。此种环境决策模式存在事前规划存在疏漏、事中项目环境监管虚置、预期社会效益受损、环境邻避冲突"常态化"等问题。在邻避问题的治理方面，首先需要从根源性的治理改革做起，走向"协商民主模式"的环境公共决策机制，加强政府信息能力建设，加强政府舆情应对的能力建设。

第六章　环境治理现代化与环境考核

长期以来，我国环境法律体系的实施效果不能令人满意，其中最重要的原因是在财政分权的体制下，地方政府变身理性经济人，为争取更多财政预算外收入而选择了发展经济却牺牲环境的发展道路。同时，以 GDP 为核心的政绩考核模式致使地方政府走向更加极端的以经济为核心的发展道路，导致诸如恶性府际竞争、地方保护主义的产生，这也是我国多年来环境法律无法得到有效实施的重要因素。为了保障环境治理优先的政治目标的实现，中央通过改变地方官员的政绩考核，逐步建立起一套明确的环境目标责任体系和环境官员考核体系，使得官员的环境考核有指标可行，从"软指标"逐步转变成了"硬指标"，而环境法律与政策也在这个过程中逐步产生活力。

第一节　政治激励、经济发展与环境治理

新中国在成立后的很长时间内，都是以政治为中心开展国家建设的，1994 年的分税制改革和垂直的行政管理体制，将政府的建设重点从以政治为纲，转向了以经济建设为中心。而官员的环境考核体系的建立和完善，又将政府从以 GDP 发展为核心，逐步朝着向可持续发展建设为中心的道路上扭转。官员考核体系所产生的巨大的政治激励作用，成为引导地方政府行政逻辑的关键因素。

一　地方官员的政治激励、经济发展与环境治理困境

中国高速的经济发展持续了四十多年，很多研究表明，中国的

地方政府和官员在中国的经济腾飞进程中扮演着极其重要的角色。钱颖一和 Roland 提出了"中国式分权"的概念，认为 1994 年以后中央和地方政府的财政分权和垂直的行政管理体制构成了一套地方政府发展经济的激励措施。[①] 在这个结构中，地方政府变身成了地方理性经济人，为了争取预算外的收入而马不停蹄地投身于经济发展的浪潮中去。[②] 但是周黎安提出，在这个结构中，争取财政收入并不是最直接影响地方政府官员行为的动因，官员更注重的是经济绩效获取背后的自身的晋升机会。[③] 上级政府在很大程度上掌握着下级政府主要官员的任免权，而政绩良好的官员一般能得到更多的晋升机会。[④] 经济发展的指标，因其可量化、直观，同中央的发展政策吻合，于是成为上级政府考核下级政府的主要指标。在过去的四十几年间，所谓"政绩良好"基本是同"GDP 发展良好"画等号的。周黎安、Chen 等、王贤彬等、Li 和 Zhou 均通过各自的研究从实证角度证实了地方官员卓越的经济发展绩效与其晋升和连任的机会有着正相关的关系。[⑤] 这种以经济发展为核心的激励方式在改革开放之初对社会发展起着非常重要的作用，让地方政府摒弃了以阶级斗争为纲的纯粹政治性面貌，摇身一变而成为"地方理性经济人"，加速了中国经济的发展。

---

① Qian, Yingyi and Roland, Gérard, "Federalism and the Soft Budget Constraint", *American Economic Review*, Vol. 88, No. 5, 1998, pp. 1143 – 1162.

② Oi, Jean C., "Fiscal Reform and the Economic Foundations of Local State Corporatism in China", *World Politics*, Vol. 45, No. 1, 1992, pp. 99 – 126.

③ 周黎安：《中国地方官员的晋升锦标赛模式研究》，《经济研究》2007 年第 7 期。

④ 马斌：《政府间关系：权力配置与地方治理——基于省、市、县政府间关系的研究》，浙江大学出版社 2009 年版，第 4 页。

⑤ 周黎安：《中国地方官员的晋升锦标赛模式研究》，《经济研究》2007 年第 7 期；Chen Ye, Li Hongbin, Zhou Li-An, "Relative Performance Evaluation and the Turnover of Provincial Leaders in China", *Economics Letters*, Vol. 88, No. 3, 2005, pp. 421 – 425；王贤彬等：《辖区经济增长绩效与省长省委书记晋升》，《经济社会体制比较》2011 年第 1 期；Li H., Zhou L., "Political Turnover and Economic Performance: The Disciplinary Role of Personnel Control in China", *Journal of Public Economics*, Vol. 89, No. 9 – 10, 2005, pp. 1743 – 1762. 其中涉及对省级、市级等地方政府官员的实证研究。当然也有研究否定了省级官员政绩考核体系的存在（如陶然等《经济增长能够带来晋升吗？——对晋升锦标竞争理论的逻辑挑战与省级实证重估》，《管理世界》2010 年第 12 期），该研究认为县、乡政府层面的考核是存在的。

　　但是一味地将经济建设和 GDP 发展作为城市发展的首要目标，也导致了城市可持续发展方面的困境。一些本来应该作为城市生态空间所存在的土地被售卖，一些政府本该提供的环境公共服务的供应不足，城市对环境保护事业的投入动力不足。[①] 同时，这种单一线性的发展模式，还衍生出一些对环境可持续发展不利的政府行为。[②] 比如一些地方降低了环境成本以吸引外资，[③] 一些地方降低了环境标准，放松了环境规制力度以吸引企业等。[④] "地方保护主义"就是其中的一个突出问题，"地方保护主义"同时也是公认的致使环境法律难于实施的重要因素之一。[⑤] "地方保护主义"指的是地方政府为了维护行政区划管辖范围内的经济利益，所采取的各类保护行为。[⑥] 1994 年分税制改革后，地方政府保留了一定比例的税收收入的权力，而辖区内的企业就是这些地方政府获得税基的基础。为了获取税收的利润，地方政府将这些企业作为政治盟友，对它们的环境违法行为进行保护和纵容。[⑦]

---

　　① 邱桂杰、齐贺：《政府官员效用视角下的地方政府环境保护动力分析》，《吉林大学社会科学学报》2011 年第 4 期。

　　② 仲伟周、王军：《地方政府行为激励与我国地区能源效率研究》，《管理世界》2010 年第 6 期。

　　③ 长三角地区开发区在招商引资中，土地出让价格一般都小于征地费用与其他开发费用之和。苏州工业园区开发后土地市场价格大概为 20 万元/亩，出让价平均仅 8 万—12 万元/亩；昆山开发区的土地市场价格平均为 10 万元/亩，但平均出让价格低于 8 万元/亩。详见罗云辉、林洁《苏州、昆山等开发区招商引资中土地出让的过度竞争》，《改革》2003 年第 6 期。

　　④ Lan, Jing, Kakinaka, Makoto, Huang, Xianguo, "Foreign Direct Investment, Human Capital and Environmental Pollution in China Environmental and Resource Economics", *Environmental & Resource Economics*, Vol. 51, No. 2, 2012, pp. 255 – 275.

　　⑤ 参见汪劲《中国环境法治三十年：回顾与反思》，《中国地质大学学报》（社会科学版）2009 年第 5 期；孙佑海《影响环境资源法实施的障碍研究》，《现代法学》2007 年第 2 期；晋海《论我国环境法的实施困境及其出路》，《河海大学学报》（哲学社会科学版）2014 年第 1 期。

　　⑥ 冯兴元：《中国的市场整合与地方政府竞争——地方保护与地方市场分割问题及其对策研究》（经济发展论坛论文，2005），FED Working Papers Series, No. FC20050096, http：//www. fed. org. cn, 2020 年 10 月 13 日。

　　⑦ Bai, Chong-En, Du, Yingjuan, Tao, Zhigang, Tong, Sarah Y., "Local Protectionism and Regional Specialization: Evidence from China's Industries", *Journal of International Economics*, Vol. 63, No. 2, 2004, pp. 397 – 417.

　　除此之外，以经济发展为核心的官员考核模式还制约着系统性的环境治理。环境要素具有流动性，比如河流、大气的治理都需要跨界的几个行政区域通力合作。但是在以经济建设为中心的考核模式下，地方政府之间的关系变得微妙而复杂，横向之间，它们实际上产生了一种竞争关系，降低了相互间的合作意愿，也使得跨界的、区域性的环境问题无法得到改善。

二　激励机制的转变与环境治理

　　随着生态文明、绿色发展等理念的提出，中央政府开始把环境保护与国家的可持续发展统筹起来，将环境治理提上日程，我国的环境治理进入了"新常态"。据相关数据显示，"十二五"期间，我国的劣V类断面比例大幅减少[①]，由 2001 年的 44% 降到 2014 年的 9.0%，降幅达 80%。2014 年，全国五种重点重金属污染物（铅、汞、镉、铬和类金属砷）排放总量比 2007 年下降 20%。2014 年首批实施新环境空气质量标准的 74 个城市 PM2.5 平均浓度比 2013 年下降 11.1%。正如环保部部长陈吉宁所言："世界上没有哪个国家在这么短的时间，用这么大的工程和投入治理污染。"[②]

　　中央政府将环境保护提到了国家战略的高度上来。为了保障环境治理优先的政治目标的实现，我国逐步建立起一套明确的环境目标责任体系和环境官员考核体系，加大了环境治理在官员考核体系中的权重，通过上级政府对下级政府下达具体的环境治理任务来完成。以国务院印发的《节能减排"十二五"规划》国发〔2012〕40 号（以下简称《规定》）为例，其将节能减排的主要节能指标、减排指标、规划投资需求等量化到具体的年份和行业，对地方政府进行任务分包，并通过"强化目标责任评价考核"的方式进行推

----

　　① 我国根据地表水水域环境功能和保护目标，按功能高低次序划分为 I、II、III、IV、V 五类水，劣 V 类水意味着污染高于 V 类水，是水质较差的一类用水。正如陈吉宁在报告中所指出的，我国在环境保护领域取得的成就并不意味着我们就不存在问题，我们最好的天气、最好的水都在减少，但是最差的水在如此大幅度地减少，成就仍然是值得肯定的。

　　② 陈吉宁：《我国"十二五"生态环境保护成就报告分析》，http://news.xinhua-net.com/fortune/2015 - 10/10/c_128314031.htm，2020 年 11 月 2 日。

行。《规定》明确指出："国务院每年组织开展省级人民政府节能减排目标责任评价考核，考核结果作为领导班子和领导干部综合考核评价的重要内容，纳入政府绩效管理，实行问责制。地方各级人民政府要切实抓好本地区节能减排目标责任评价考核。"

在相关研究中，也开始体现出官员晋升与环境治理之间的正相关关系。如孙伟增等以 2004—2009 年中国 86 个重点城市的面板数据为样本进行实证分析，得出城市的环境质量和能源利用效率的改善对市长的晋升具有一定正向作用的结论。① 吕凯波在县级层面用经验数据分析发现国家重点生态功能区的生态环境绩效对县委书记的晋升有着重要影响。② 在以县委书记为样本的模型中，生态环境绩效的估计系数在 1% 的水平上显著，环境绩效每提高 1 个单位，县委书记晋升的概率便提高 0.7%。③ 这意味着我国正逐步通过改变官员政治激励的内容，加大对环境治理的权重，来激励地方政府从经济发展转向以经济发展与环境治理并重的局面。

第二节　官员考核与水污染环境治理的实施

自 1979 年《环境保护法》实施以来，我国的环保法一直处于一种"既无大错，亦无大用"的状态当中，其实施效果一直被理论界和实务界所诟病。但是"十一五"以后，特别是进入"十二五"之后，我国环境法的实施问题得到了前所未有的重视。④ 自 2015 年新的《环境保护法》实施以来，环境污染得到了一定的遏制，空气

---

① 孙伟增等：《环保考核、地方官员晋升与环境治理》，《清华大学学报》（哲学社会科学版）2014 年第 4 期。

② 吕凯波：《生态文明建设能够带来官员晋升吗？——来自国家重点生态功能区的证据》，《上海财经大学学报》2014 年第 2 期。

③ 吕凯波在研究中也指出，由于县委书记在贯彻落实中央生态文明建设任务中起着主导作用，所以生态功能区域环境绩效的改善能带来县委书记的晋升，但是却对县长的晋升没有显著影响。通过文献梳理我们发现，中央政府也正在出台相关文件对这种党政责任分离的情况进行改革，后文将详述。

④ 陈海嵩：《绿色发展中的环境法实施问题：基于 PX 事件的微观分析》，《中国法学》2016 年第 1 期。

质量明显改善，环境执法积极性提高，成效喜人。① 除了环境法本身通过体系完善、制度优化来改善其实施效果以外，我国环境法律的实施同官员考核体系的运行密不可分，下文将以《水污染防治法》的实施为例，对此进行深入的讨论。

一　环境法律的实施效果转变——以《水污染防治法》的实施为例

我国环境法律一直面临着实践中的困境。以 1984 年的《水污染防治法》（1996、2008 年修订）为例，自颁布实施以来，虽已建立了成体系的水污染防治法律、法规体系，对水污染防治、水资源保护都有较为明确的规定，对总量控制、排污许可、限期治理等基本的水污染防治的制度手段，也都有明确的规定；对重点的流域湖泊、如太湖、淮河等也有相关条例进行重点流域的整治工作。但是我国的水污染治理形势依然严峻，这与我国的产业、能源结构和快速的经济发展形势相关②，也同《水污染防治法》本身所存在的问题相关，但政府责任不到位、法治偏软等一直被公认为是我国水污染防治相关立法执行难的关键性问题。

本部分梳理了全国人大常委会执法监督组在 2002 年、2005 年、2016 年对《水污染防治法》实施效果的分析（详见表 6-1），发现"十一五"之前，我国的水生态环境治理处在一直恶化的状态当中，城市污水处理率一直相对较低。2016 年的报告虽然仍然显示我国的水污染状况严峻，但是劣 V 类水体面积已经得到了控制，并且在逐年递减，同时我国的城市污水处理率在十年间增长了将近 100%，这说明《水污染防治法》的实施效果在"十一五"和"十二五"时期是在转好的。而在 2002 年、2005 年的两份报告中，报告人都提出"地方政府发展理念的偏差""地方政府官员法治意识淡薄"是《水污染防治法》没有得到良好实施的关键性因素。但是在 2016

---

① 常纪文、刘凯：《新环保法实施，多少成效？多少问题？》，《环境经济》2005 年 ZA 期。

② 据国内有关专家测算，目前的污染物要削减 30%—50% 以上，水环境才会有明显改善。详见新华网《水污染防治法颁布实施 30 周年》，http：//news. xinhuanet. com/energy/2014-05/09/c_1110610297. htm，2016 年 3 月 19 日。

年的报告中，再未涉及有关地方政府"发展理念"的问题，而是更关注水污染防治的监管体系本身的完善、政府监管能力的提升等。

表6–1　　　　全国人大常委会执法监督组历年关于检查
《水污染防治法》实施情况报告分析

年份	环境治理的问题与成效			存在的问题	报告建议
2002年	长江流域水质	2000年与1999年相比，长江劣于Ⅲ类水标准的河长占总评价河长的26%，比1999年上升了5%	水质变差	领导干部中对环境保护、防止污染与经济发展相互对立；认为环境保护、防治污染只有社会效益，没有经济效益；认为应先发展经济，后进行环境保护	加强领导，提高认识，增强水资源保护的责任感和紧迫感；各级政府主管部门要明确责任……努力完成好规划中规定的各项目标；各级政府要切实履行法律赋予的职责，把改善本地区水环境质量列为政府工作的一项重要任务，采取有效措施，认真抓紧抓好
	城市污水处理率	全国污水处理率31.9%	处理率很低		
2005年	长江流域水质	长江干流超Ⅲ类的断面达到38%，比1996年前上升了20.5%	水质变差	经济社会与环境统筹发展意识淡薄，没有真正树立和落实科学发展观；法治意识淡薄，没有认真贯彻实施水污染防治法和水法等	应明确治理污染的责任，即国务院有关部门、地方各级政府应各负什么责任，建立严格的目标责任制和省、市、县行政首长负责制，并且把环境保护、水污染治理作为硬指标之一，对他们进行定期考核；强化政府对水环境的保护责任，实行环境责任追究制；强化环境保护行政主管部门的监管职责
	主要水系水质	2004年七大水系中36.6%的河段水质属于Ⅴ类，劣Ⅴ类，其中劣Ⅴ类达到27.9%	水质变差		
	城市污水处理率	2004年全国的城市污水处理率仅为45%	处理率依然很低		

续表

年份	环境治理的问题与成效			存在的问题	报告建议
2016 年	长江流域水质	长江干流劣于Ⅲ类水的断面为 2.4%（2015 年数据）	整体水质变好	简政放权后基层承接能力不足、监管手段不完善等问题较为突出；流域管理和区域监管的制度建设与协作机制滞后，生态补偿制度不完备等	完善流域水环境保护目标责任制和考核评价制度，明确地方政府的环保责任，强化对地方政府、有关部门及其负责人的考核
	主要水系水质	2014 年，全国地表水劣Ⅴ类水质断面比例 9.2%，比 2005 年减少 17 个百分点	整体水质变好		
	城市污水处理率	2013 年达到了 89.34%	发展迅速		

　　另一方面，本部分梳理了"十五"至"十二五"时期我国水环境的治理情况（详见表 6 - 2）。在"十五""十一五""十二五"规划纲要中，均专章提出了要在科学发展观的理念下加强生态和环保建设，但是"十五"时期的水环境治理效果不佳，大部分的水污染防治计划项目并没有完成。但是在"十一五""十二五"时期，

表 6 - 2　我国"十五"至"十二五"时期水环境的治理效果变化情况

国家规划纲要	涉及环境治理的专章	水环境的治理效果
"十五"计划纲要	第十五章　加强生态建设、保护和环境治理	水质变差：七大水系的 408 个水质监测断面中，有 46% 的断面满足国家地表水Ⅲ类标准，比"十一五"之前下降了 5.7%；28% 的断面为Ⅳ - Ⅴ类水质；超过Ⅴ类水质的断面比例占 26%，是"十一五"前的将近三倍①

---

　　① 更有数据显示，"十五"时期，重点流域水污染防治计划安排投资 1580 亿元，项目 2130 项，截至 2004 年底，投资只完成了 662.6 亿元，完成计划的 42%；项目只完成了 851 项，完成计划的 40%。淮河、海河、辽河"十五"项目只能分别完成计划的76%、55% 和 52%；太湖、巢湖、滇池项目只完成计划的 87%、59% 和 52%。

国家规划纲要	涉及环境治理的专章	水环境的治理效果
"十一五"规划纲要	第六篇　建设资源节约型、环境友好型社会	水质好转：水环境质量持续好转。2010 年七大水系国控断面好于Ⅲ类水质的比例由 2005 年的 41% 提高到 60%；劣Ⅴ类水质断面比例由 2005 年的 27% 降低到 16%，七大水系水质总体上持续好转
"十二五"规划纲要	第六篇　绿色发展　建设资源节约型、环境友好型社会	水质好转：2014 年，十大流域的水质监测断面中，Ⅰ-Ⅲ类水质断面比例占 71.2%，占比持续提高。劣Ⅴ类断面比例大幅减少，由 2001 年的 44% 降到 2014 年的 9.0%，降幅达 80%

虽然我国的水环境污染情况依然严峻，但是有好转趋势。这从一个侧面反映出 2006—2015 这 10 年间，地方政府已经逐渐扭转了以"经济发展"为核心的发展观念，同时《水污染防治法》的实施效果也在逐步变好。

二　官员考核机制保障下的法律实施

为何《水污染防治法》的实施效果在不同阶段呈现出截然不同的效果呢？有学者认为，在中国，相较于官僚体制的运行而言，法律所产生的效力处在次要地位。当法律的目标与官僚体制中的目标相一致时，则法律运行的效果更佳；当法律的目标与官僚体制的目标存在差异或背道而驰时，则法律运行效果就会受到限制。这从某种角度很好地解释了当下我国环境法律有活力地运行的原因。

在以经济发展为核心的年代，环境治理被地方政府边缘化，相关的环境法律陷于步履维艰的状况，其最主要的原因是环境法律的目标同地方政府的"政治目标"并不吻合。自 2007 年党的十七大报告首次提出"建设生态文明"，2012 年党的十八大报告再次强调"生态文明"的重要性后，我国的环境保护事业就进入了新平台。

这说明中央政府开始把环境保护与国家的可持续发展统筹起来。①
中央政府有强烈的意愿将环境治理提上日程，继而通过一系列的政
策逐步确立、细化环境保护的考核体系以确保政治目标的实现。此
时，环境法律的价值目标同地方政府的"政治目标"相重合，其实
施效果得到了巨大的提升。

以水环境保护的考评系统为例，自 2008 年起，中央通过一系列
的政策在逐步确立、细化谁环境保护的考评体系（详见表 6 - 3）。
在这套考核体系里，首先，国家建立了一套明晰的水污染防治的目
标责任体系，细化到每个水资源利用和污染防治的硬指标，让地方
政府有了硬性的目标，也让中央政府有章可循。其次，国家建立了
一条考核评价体系，以打分制的方式去评价地方政府在水污染防治
方面的成效，并规定了较为明确的责任。最后，国家优化了这套考
核评价体系，将"党政同责""一岗双责"落到实处，改变了原有
的党政责任分离的问题。

表 6 - 3   "十一五"至"十二五"时期对官员考核制度的
提升和完善

大事件	制度内容	分析与评价
2008 年通过《水污染防治法》修订案	第五条以法律形式确定了地方政府及其负责人的水环境保护目标责任制和考核评价制度 第十八条第四款规定区域限批制度，对超过重点水污染排放总量控制指标的地区，相关政府部门应当暂停审批相关建设项目的环境影响评价文件	将原先的行政管理措施"区域限批"制度上升为强制实施的法律制度，使得地方官员对环境评价等法律制度产生敬畏，同时提出要建立官员的水环境保护目标责任制和考核评价制度

① 在之前几十年的时间里，虽然中央政府也并没有视环境保护为无物，但是在目
标选择上，仍是以"经济发展"为优先的。如孙佑海认为，1989 年的《环境保护法》
第四条所规定的"环境保护工作同经济建设和社会发展相协调"，其实是经济建设优先
于环境保护［参见孙佑海《改革开放以来我国环境立法的基本经验和存在的问题》，《中
国地质大学学报》（社会科学版）2008 年第 4 期］。

续表

大事件	制度内容	分析与评价
2011 年中共中央 国务院发布《中共中央 国务院关于加快水利改革发展的决定》	第二十二条提出水资源管理责任和考核制度，明确考核结果交由干部主管部门，作为地方政府相关领导干部综合考核评价的重要依据	水资源管理责任和考核制度的实质是将水资源保护绩效纳入官员的干部考核体系当中
2012 年国务院发布《关于实行最严格水资源管理制度的意见》（国发〔2012〕3 号）	第十六条提出县级以上地方人民政府主要负责人对本行政区域水资源管理和保护工作负总责。国务院对各省、自治区、直辖市的主要指标落实情况进行考核	明确了地方政府负责人的水资源保护责任，同时明确了水资源管理制度的考核主体是国务院，主要负责单位为水利部
2013 年国务院办公厅印发《实行最严格水资源管理制度考核办法》	对各省、自治区、直辖市用水总量、用水效率、重要江河湖泊水功能区水质达标率的控制目标提出明确的标准	细化了各省的考核目标和考核责任，使得水资源管理责任和考核制度进一步完善
2014 年水利部、国家发改委等十部联合印发《实行最严格水资源管理制度考核工作实施方案》	对考核的适用范围、考核组织、考核内容、考核程序、考核结果使用等均做出了较为明确的规定	初步建立完善了水资源管理责任和考核制度体系
2015 年国务院颁布《水污染防治行动计划》	第二十九条规定了各级地方人民政府要于 2015 年底前分别制定并公布水污染防治工作方案，逐年确定分流域、分区域、分行业的重点任务和年度目标；第三十二条明确了党政干部的"党政同责""一岗双责"，每年考核结果作为对领导班子和领导干部综合考核评价的重要依据	明确并细化了政府的目标任务考核制度

续表

大事件	制度内容	分析与评价
2015 年中共中央办公厅 国务院办公厅印发《党政领导干部生态环境损害责任追究办法（试行）》	对党政领导干部在生态环境保护上的责任进一步明确，同时规定了党委及其组织部门在地方党政领导班子成员选拔任用工作中，环境保护等应作为考核评价的重要内容，对在生态环境和资源方面造成严重破坏负有责任的干部不得提拔使用或者转任重要职务	明确党政同责、一岗双责，值得提出的是，对在生态环境和资源方面造成严重责任的干部采取了"一票否决制"

三　法律实施与官员考核机制之辩

据相关数据显示，我国"十二五"时期之所以在水污染治理方面取得重大成就，与 2015 年颁布的《水污染防治行动计划》密不可分。但我们不禁要问，为何效力层级更高的《水污染防治法》在运行了多年后效果却不如国务院发布的行政规章呢？其关键因素就是《水污染防治行动计划》有着明确并细化了的政府目标任务考核制度进行保障，而《水污染防治法》没有。

我们不禁要问，不具有法律强制力的官员考核机制为何能比法律更让地方官员所折服？其主要有以下三点原因。

第一点，我国的环境法律很难明确让地方政府和官员"负责"。以现行的《水污染防治法》为例，其法律责任专章从"第六十九条"一直延续到了"第九十条"，看上去丰富的法律责任体系，却只有第六十九条是规定政府责任的，其他法条都是针对企业而言的。而第六十九条的规定，也只是泛泛就政府执法懈怠、行政不作为的基本情况进行了规定。在《水污染防治实施条例》中，也没有对怎样对"直接负责的主管人员和其他直接责任人员依法给予处分"进行细化的解释。① 这意味着针对政府和行政人员的环境法律责任是并不明确的，地方官员可以相对轻松地逃避法律责任。但是就官员考核机制而言，是面向每一个具体的个体的，任何人的任何行政决策都会实实在在地接受这一套考核体系的监督。在这一套行政逻辑的框架下，环境法律实施效果，演变成了依靠更具象化的官员环境考核体系去完成。②

第二点，是官员考核机制所拥有的"正向激励效应"。环境法律条文对于官员而言，是一套严苛的行为准则，但是其所规范的大部分内容与官僚体系和官员本身无关。具有相关性的"法律责任"也是一套具有惩罚性的规则体系。但是相较于冰冷的环境法律体系而言，官员考核体系具有正向激励效应。如果行政工作完成得好、达标，甚至优秀，就可以获得奖励或者仕途的升迁。通过改变官员考核的内容，优化这些指标体系，比如加大对环境治理的考核权重，不仅可以让官员"不违法"，还可以激励他们在环境治理领域做出更卓越的贡献。

第三点，也是和文化渊源相关的是，相对于环境法律的实施，官员的考核机制的运行更符合中国的国情。中国自周朝开始便逐步形成了一套精密复杂的官僚体制。③ 依靠更加灵活的政策去实现政府的施政目标，往往比依靠法律来得更便捷和有效。

但值得注意的是，作为法治社会，我们需要探索的是怎样让法律可以在社会当中发挥出更好的效果，而不是一味地依靠官员的目标考核机制，去保障法律的实施。因为官员的考核机制也不一定都是完美的，其考核目标也会存在不科学、不确定、责任倒置等各类问题。

———————

① 《水污染防治法》第六十九条："环境保护主管部门或者其他依照本法规定行使监督管理权的部门，不依法作出行政许可或者办理批准文件的，发现违法行为或者接到对违法行为的举报后不予查处的，或者有其他未依照本法规定履行职责的行为的，对直接负责的主管人员和其他直接责任人员依法给予处分。"

② 参见蔡守秋《论政府环境责任的缺陷与健全》，《河北法学》2008 年第 3 期；钱水苗《政府环境责任与〈环境保护法〉修改》，《中国地质大学学报》（社会科学版）2008 年第 2 期；马波《论政府环境责任法制化的实现路径》，《法学评论》2016 年第 2 期。

③ Alex Wang, "The Search for Sustainable Legitimacy：Environmental Law and Bureaucracy in China", *Harvord Environmental Law Review*, Vol. 37, No. 2, 2013, pp. 365 – 440.

本章小结

我国从 1979 年颁布《环境保护法（试行）》后的 40 年内，环境立法的数量庞大，但是这些法律在具体的实践过程中一直处于弱势地位，甚至有人将环境法同"软法"相等同。其中根本的原因就是地方政府一直将"经济发展"优先于"环境保护"事项。地方政府做出这样的价值选择有很多因素，其中最为关键的因素之一就是，经济发展在地方官员晋升的道路上更具有显示度，经济发展为地方财政的发展也具有重要的意义。1994 年分税制改革后，地方政府摇身一变成为地方的理性经济人，为了争取更多的财政预算外的收入，扩充地方政府的财源，选择走了一条以 GDP 为核心和首要目标的发展道路。这也是中国改革开放后一直保持高速经济发展的重要原因之一，可以说地方政府的价值选择在中国经济腾飞当中起到了决定性的作用。而更为重要的是，中央政府也默认了地方政府以经济发展优先的发展路径。从中央到地方，长期以来对 GDP 增长率的考核都是官员政绩考核的重要指标，这一套考核机制又进一步激励了地方官员发挥主观能动性，搞建设、促发展。但是这一套由地方政府主导的城市发展逻辑，却也衍生出来如恶性的府际竞争、地方保护主义等问题，这也是我国多年来环境法律实施效果不佳的重要原因之一。

但党的十八大以后，国家将发展战略做了新一轮的调整，生态文明建设和环境治理放在了重中之重的位置上，"绿水青山就是金山银山"的理念不断被深化，而环境法律的价值目标自然而然地与国家的政治发展目标相统一。为了保障国家对生态文明建设和环境治理的优先政治地位，国家也开始逐步探索出一套新型的官员考核评价体系，对官员的环境考核就从"软指标"逐步转变成了"硬指标"。比如本章所重点探讨的"GEP 和 GDP 双运行"官员考核机制，就是其中的一个典型案例。在官员考核评价体系重构的过程当中，环境法律也开始逐步释放出活力。这也是我们近年来看到环境法律的实施效果更优的重要原因之一。

但是我们无法一味地依赖官员考核评价体系的重构，以保障对环境法律实施的效果。因为官员考核评价机制本身也不是完美的，也会存在考核目标的制定简单化、片面化，考核体系本身建构的科学性、地方政府对考核指标解读不一的各类困境。怎样建立起一套政府、企业和公众多元共治的环境治理体系，让环境法律在其中发挥出自运行的法律实效，更值得关注。

第七章　环境治理现代化的域外经验

——以新加坡实践为例

新加坡作为一个新兴国家，在建国之初面临着资源匮乏、国土面积狭小、生态环境恶劣等诸多困境，但是几十年的发展后，新加坡以"花园城市"闻名于世。这其中有着高瞻远瞩的国家战略推动，也有着每个个体的付出和努力。在此以新加坡为例进行探讨，希图为我国城市的环境治理道路提供借鉴。

第一节　新加坡智慧化环境治理的建设背景

一　生态环境可持续发展的国家战略

新加坡是东南亚中南半岛南端的一个城邦岛国，国土面积仅724.4 平方千米。同时，其自然资源匮乏，水资源曾一度依赖从马来西亚进口，石油完全依赖进口，包括粮食在内的农产品也主要依赖进口。同时，其地处热带，湿热环境和蚊虫滋生让其饱受登革热等流行病的侵扰。20 世纪 50 年代末 60 年代初的新加坡仍是一个脏乱差的转口贸易城市，污染严重，环境恶劣，历史遗留环境问题众多，街道污水恣意，随处可见生活垃圾和工业废料。[①] 另外，新加坡是一个多种族的国家，多元文化导致国家治理在观念和价值方面存在冲突和摩擦，同时快速的现代化进程加剧了社会道德观念的价值伦理的冲击，形成新加坡复杂的社会治理层次。因此，怎样把新加坡建设成"新加坡人的新加坡"，树立国民意识，建立国民的认

---

① ［新］陈荣顺、［新］李东珍、［新］陈凯伦：《清水绿地蓝天——新加坡走向环境和水资源可持续发展之路》，毛大庆译，团结出版社 2013 年版，第 3 页。

同感变成了新加坡建国之初的重任，而改善公共卫生环境、保障住房资源、振兴经济便成了不二选择。而这一点，从李光耀的一些公开演讲中可以得到充分的体现："我们突然被马来西亚联邦抛弃。我们前景惨淡，我们没有自然资源。我们是一个小小的岛国，夹在刚独立的、持民族主义倾向的印度尼西亚和马来西亚之间。为了生存，我们必须创建一个与邻国不同的新加坡：一个整洁的、更高效的、更安全的国家，能够提供优质的基础设施和良好的生活条件。"①

环境治理在于有效利用本土资源、解决水资源问题，改善公共卫生环境、提升居民幸福指数、吸引外商投资环境等方面有着无可比拟的作用。特别是到了 20 世纪八九十年代，新加坡已跻身"亚洲四小龙"，外向型经济的可持续发展更需要清洁优美的环境来为产业升级转型提供保障。② 因此，环境治理和可持续发展成为新加坡建国以来重要的国家战略。

在机构设置方面，新加坡 1972 年成立了国家的环境部，是世界上最早成立环境保护政府部门的国家之一。2004 年，环境部更名为环境及水源部（Ministry of the Environment and Water Resources，ME-WR），它与国家环境局（National Environment Agency）、公共事业局（PUB）、新加坡国家水务局（Singapore's National Water Agency）和新加坡食品局（Singapore Food Agency，SFA）合作，确保新加坡的资源效率、气候适应能力和可持续发展。③ 在环境治理的法治保障方面，新加坡立法先行，从 20 世纪 60 年代开始，便先后制定了系列的环境保护条例和环境标准，以控制工业污染，同时新加坡执法的严苛也一直闻名于世。在环境政策方面，1963 年李光耀总理发动了第一次全民植树运动，1968 年提出了建设"花园城市"的倡议，1992 年新加坡提出了"新加坡绿色计划"（Singapore Green Plan），

---

① ［新］约西·拉贾：《威权式法治：新加坡的立法、话语与正当性》，陈林林译，浙江大学出版社 2019 年版，第 20 页。

② 吴真、高慧霞：《新加坡环境公共治理的实施逻辑与创新策略——以政府、社会组织和公众的三方合作为视角》，《环境保护》2016 年第 23 期。

③ 参见新加坡环境及水源部官网，https：//www.mewr.gov.sg/about-us，2020 年 4 月 2 日。

这是新加坡第一个正式的环境蓝图，其目的是确保新加坡通过优良的环境治理，实现可持续发展。2012 年，启动了新版的绿色计划 SGP 2012。绿色计划的目标是实现新加坡的水资源、空气质量、自然环境、废弃物处理、公共健康、国际生态环境关系等都实现可持续发展。为了实现新加坡在未来的可持续发展，2009 年 4 月，新加坡发布了《新加坡可持续发展蓝图》（*Sustainable Singapore Blueprint*），作为新加坡至 2030 年前的可持续发展战略指南。[①] 同年，开始实施"打造绿色都市和空中绿化"计划（简称"LUSH"），推进绿色节能建筑的发展。而新加坡对环境治理的努力也取得了有目共睹的成就，根据 2018 年 Arcadis 发布的《亚洲可持续发展城市指数》显示，新加坡的可持续发展水平位居全球第四、亚洲第一。[②]

二 科技发展与智慧城市建设

为了能充分发挥资源和空间的效率，新加坡一直致力于精细化治理，早在 20 世纪 80 年代便开始致力于应用科技变革城市治理模式和提升城市的治理效率。随着物联网、大数据、云计算等技术的出现和发展，新加坡审时度势优先发展相关技术。2006 年，新加坡发布了"智能国 2015 计划"（Intelligent Nation 2015，简称 IN2015），目标建立实时新加坡（Live Singapore）的大数据平台。2014 年，新加坡提出"智慧国计划"（Smart Nation Singapore），有望建成全球第一个智慧国。

实际上，对于科技的发展和智慧国建设的目标，不仅是运用先进技术对新加坡进行精准治理，更是一场深刻的产业升级和经济转型。作为一个资源贫乏的小国，其可持续发展不仅在于对有限的资源进行深度挖掘，更在于能以发展的眼光瞄准未来世界发展的方向，并前瞻性地制定国家的发展战略，而新加坡将国家的转型和可持续发展定位在了智慧国的建设方面。数字经济发展带给新加坡的

---

① 参见新加坡环境及水源部官网，https：//www. mewr. gov. sg/grab-our-research/singapore-green-plan – 2012，2020 年 4 月 3 日。

② 参见 Arcadis 官网，https：//www. arcadis. com/en/global/，2020 年 4 月 3 日。Arcadis 是一家全球性的设计、工程和管理咨询公司，总部位于荷兰。

惠益将是巨大的，新加坡专门出台了《数字经济行动指南》（*Digital Economy Framework for Action*）以助力数字经济的发展，协助中小企业数字化转型。新加坡的高瞻远瞩和对智慧城市的建设也取得了骄人的成就。2019 年，瑞士洛桑管理学院（International Institute for Management Development，以下简称 IMD）发布全球智慧城市指数（IMD Smart City Index 2019），新加坡在 102 个城市中排名首位。[1]

三 严格律法与法治国家构建

新加坡自建国后一直发展势头汹涌，1959 年取得自治地位并由李光耀执政，1970 年就被冠以"亚洲四小龙"的称号，1995 年就被经合组织划为"发达国家"。根据世界银行公布的数据，新加坡的人均 GDP 在 2021 年度已经达到了将近 7.3 万美元，成为全世界最富有的国家之一。在法治建设方面，其在商业法治建设方面取得的成就有目共睹，而在法制建设方面，也形成了较为严苛的执法体系。但是新加坡的法治建设，还是受到了很多西方民主自由派和反对党的质疑。实际上学者们对新加坡法治的描述是各式各样的：威权式的，半威权式的，柔性专制，亚洲式民主，准民主，非自由主义民主，专政，虚假式民主，有限民主，强制式民主，专制政府，开明的非民主政府以及强权选拔式的维权政府。这些概念囊括了专制和民主两个极端，说明了新加坡政权类型的复杂性。[2]

可以说，新加坡的法治体系是复杂的，其既不是简单承袭了英国普通法系的内容和西方自由民主的精神；也不是完全因为接纳了"日据时期"的一些"法制"规则而形成。按照西方自由民主法治的理念分析，往往得出新加坡只有"法制"而没有"法治"的结论。

判断新加坡的法治情况如何，需要对法治做明确的定义，如果

---

① 参见 IMD 智慧城市指数官网，https://www.imd.org/research-knowledge/reports/imd-smart-city-index-2019/，2020 年 4 月 1 日。

② ［新］约西·拉贾：《威权式法治：新加坡的立法、话语与正当性》，陈林林译，浙江大学出版社 2019 年版，第 7—8 页。

将其定位在必须维护和保护个人自然权利和信奉个体主义、自由主义的基础上，那么新加坡的法治建设可能无法迎合"民主政府"的声音。但是，如果按照"不管白猫黑猫，捉到老鼠就是好猫"去考量新加坡法治建设的背后逻辑，那么新加坡的法治建设确为东方世界的制度建构提供了较好的范本。

新加坡强调法律至上，法律条文的制定较为严苛，同时执行也非常严格。新加坡崇尚精英政治，而大部分精英接受了欧美高等教育，对法治建设的理念有着更为深刻的理解。新加坡国父李光耀毕业于剑桥法学院，建国之前在英国从事律师工作十余年，深知新加坡之于其他东南亚国家，其特色和未来的发展方向离不开健全的法制体系。新加坡的法律非常完备，同时，严刑重法和严苛的执法环境，也让新加坡的整个法治环境显得严厉而无私情可循。严苛的法律和严格的执行，让守法在新加坡民众当中也深入人心。同时，廉洁政府的建立，让政府在民众心中的威望更高、信任感更强，也进一步促进了民众的守法意识。新加坡建国之初，东南亚各国贪污横行，李光耀在上任之初就重视廉政政府的建设，他在建国之初就成立了全权反贪腐机构，并赋予其检查、监察的权力，造就了新加坡对贪腐零容忍的制度。① 这种零容忍，也进一步提升了政府在民众心中的权威感。

有意思的是，外界对新加坡政治的批评声也总是络绎不绝，其集中在对言论管制、自由民主社会建设等方面。很多从西方自由主义出发的批评声，会认为新加坡拥有对法律的严格遵循，即"法制"，却没有拥有法律精神内核的"法治"。而新加坡政府的执政者对此的回应，无不体现出其治国理念的与众不同。新加坡有不少法律，甚至规范到了公民的私德领域，涉及公民的很多微观生活和行为方式，这是西方秉持自由主义观点的发声者所不能苟同的。但是作为亚洲国家，由占70%以上的华人为主的社会建构的新兴国家，法律在早期还承担着"教化民众"的功能，这也传承了中华传统法系"礼刑文化"。

---

① 吕元礼等：《问政李光耀　新加坡如何有效治理》，天津人民出版社 2015 年版，第 4 页。

　　李光耀将政府和公民合二为一，他认为公众会普遍赞成作为强制手段的法律，也会普遍同意暴力型刑罚。东方世界更重视群体，而西方世界更注重个人。① 继李光耀之后的新加坡第二任总统吴作栋在公开演讲中也表明了："拥有正确的价值观……有着团结感和民族感，公民有纪律且勤奋，拥有坚定的道德价值和牢固的家庭关系……新加坡的公民有着催人进步的正确价值观。我们的亚洲文化认为共同体利益优于个体利益。"② 李显龙也曾指出："如果人人都以自我为中心，社会将成一盘散沙，国家的进步和繁荣将成空谈，个人也不可能有成就感和满足感。新加坡作为东西合璧的社会，其政府倡导国家至上，社会为先；家庭为根，社会为本；关怀扶植，尊重个人；求同存异，协商共识；种族和谐，宗教宽容的共同价值观。"③ 这些观点无不论证了新加坡虽然承袭了英国普通法系的大部分，却融入了传统的东方文化，建构了具有新加坡特色的法治体系。

第二节　新加坡智慧化环境治理的应用领域

　　新加坡智慧化环境治理体系，是在绿色发展和智慧城市建设的双重国家战略的基础上发展起来的。智慧化环境治理体系的建立在新加坡并不是某个政府部门的职能，而是同新加坡的智慧国战略规划息息相关，嵌入了智慧国建设的每一个体系，是由所有与生态环境保护、资源保护、公共卫生、城市规划、气候变化应对、社区可持续发展的政府职能部门、社会组织、企业和公众共建的体系。其应用领域全面而广泛，主要包括了城市规划、环境决策与资源优化利用，环境监测、节能减排与风险预警，环境卫生公共服务与公众

---

① ［新］约西·拉贾：《威权式法治：新加坡的立法、话语与正当性》，陈林林译，浙江大学出版社 2019 年版，第 99 页。
② 吕元礼等：《问政李光耀　新加坡如何有效治理》，天津人民出版社 2015 年版，第 16 页。
③ 吕元礼等：《问政李光耀　新加坡如何有效治理》，天津人民出版社 2015 年版，第 16 页。

参与三大领域。

一　城市规划、环境决策与资源优化利用

作为国土面积有限、资源匮乏的新加坡而言，城市规划一直同生态环境的整体规划息息相关。特别是在未来，新加坡将面临气候变化带来的一系列影响，如海平面上升、极端气候频发、气温上升、粮食安全等。因此在2019年新加坡新发布的城市总体规划草案中，可持续发展和韧性城市的建设，是新加坡城市发展的核心目标。从新加坡城市发展局的官方信息可知，新加坡的城市规划的第一步就是"数字化"（digitalization），数据分析、地理空间的技术、可视化的技术帮助城市规划者更直观地分析人口、住房、就业等各类信息。其所建立的"ePlanner"系统是一个城市规划分析系统，可为新加坡的城市规划部门和其他机构提供定量和定性的意见，其认为以数字化驱动的城市公共决策，将满足新加坡长期规划的需求。[①]

另一方面，新加坡国家水务局（PUB）在2018年6月启动了智慧水务（SMART PUB）路线图，以数字化技术为新加坡优化用水需求。新加坡在水资源的管理领域的技术全球领先，其一直致力于污水处理、循环利用和供水方面的技术研究。目前，新加坡已成为国际公认的综合水管理示范城市。[②]

二　环境监测、节能减排与风险预警

污染防治是环境治理中最为重要的一个部分，在缺失技术支持的年代，污染防治工作往往从"末端治理"入手，较为被动，而且一个城市的实际污染情况，政府其实很难从全局进行把握。随着大数据时代的到来，这些高新科技可以将整个城市的污染情况通过可视化的图像系统化展示，无论是地理地形、气象因素、工业布局、

---

① 参见新加坡城市发展局（URA）官网，https：//www.ura.gov.sg/Corporate/Planning/Our-Planning-Process/Digitalisation，2020年4月1日。

② 参见新加坡国家水务局（PUB）官网，https：//www.pub.gov.sg/news/pressreleases/transformingpubintothesmartutilityofthefuture，2020年3月31日。

生活污染、城市用能，还是汽车尾气，都可以用可视化技术予以表现，而城市的实际污染情况，排放的空间情况、动态趋势、排放特征，也可以在系统内进行分析。这样的污染排放信息管理平台，甚至可以用模型加以分析，给予决策者更为明晰的污染应对策略。新加坡在环境污染、危废处理的监测和节能减排方面使用了大量的先进技术。其中，区块链技术已在水质监测方面取得一定成效。在空气质量的监测方面，采用了新云图技术，通过分布在国家上方的卫星可以实时监测到大气中的污染物。

同时，新技术的加入，不仅可以提升城市环境治理的能力，还可以通过数据分析，对未来的环境风险进行预测和预警，这一部分的功能在全球的气候变化预测、生态网络观测和模拟、区域大气污染防治等领域，都已经得到了有效的应用。[1] 新加坡也顺应时势，充分将科技应用于环境风险的预测和预警。受季风气候影响，每年印度尼西亚的橡胶园焚烧林木的时候，新加坡就会受到严重影响。为了治理空气污染的问题，新加坡不断推动地区间合作。设立了东盟区域专业气象中心（RSMC），以应对跨界烟霾的问题，并推动了"东盟区域雾霾行动计划"（ASEAN Regional Haze Action Plan）的实施。到了科技时代，RSMC 通过卫星成像、热点信息、大数据等技术研发了天气、气候和空气质量的监测体系，并可通过对气象条件的预测、烟霾的密度和热点的数量和位置，对跨界的烟霾进行预警。[2]

三 环境卫生公共服务与公众参与

正如前文所介绍的，大数据时代的环境治理，或者说智慧化环境治理体系的建立，可以为公众提供更为个性化的、精准的环境公共服务。秉承"以人为本"的服务精神，新加坡政府在依靠科技为公众提供更为丰富和优越的环境公共服务方面，一直走在前列。在"智慧国"计划中，政府提供给公众各式各样的 App 以方便公众参

---

① 汪自书等：《我国环境管理新进展及环境大数据技术应用展望》，《中国环境管理》2018 年第 5 期。

② 参见 ASMC 官网，http：//asmc.asean.org/asmc-alerts/，2020 年 4 月 5 日。

与社会治理。比如，"myENV"是一款为公众提供丰富的环境公共
服务资讯的应用软件。公众可以通过该平台便利地获取与天气、空
气污染指数、登革热热点等相关的环境信息。同时，公众还可以就
环境污染、噪声污染、垃圾处理等方面的问题，在该平台进行投
诉。① 再比如"Ezi"是一款可以为居民提供免费上门回收服务的应
用软件，该应用软件的推出，大大提高了城市可循环垃圾的使用
率。② 可以说，智慧化的环境资讯和公共服务的提供已深入新加坡
公众的日常生活当中。

第三节　新加坡智慧化环境治理的借鉴意义

一　信息公开，打造以人为本的治理体系

新加坡借助高新科技所打造的新型环境治理体系，其根本目标
是为了提升人民在新加坡的生活幸福感，最终实现城市的可持续发
展。新加坡政府深知，作为小国，人才的流动和获得是支持国家发
展的最关键因素，而为了吸引国际化的人才，良好的生活和生态环
境是非常具有竞争力的。因此，在花园国家的打造方面，新加坡不
遗余力。为了保障城市的发展更健康，也需要公众参与决策，一方
面可以监督政府的环境行政和决策，另一方面也可以将"地方性知
识"传导到政府决策过程当中。而信息公开是保障公众环境知情权
和环境公众参与权的前提。新加坡在环境治理体系的建立过程中，
运用物联网、云计算、大数据技术，将城市和生态环境信息数字
化，进而建立信息公开平台，向大众公开。比如，新加坡的城市发
展局（URA）建立了一站式的地理空间平台"URA SPACE"，所有
的专业人员、企业甚至公众，都可以通过该平台便捷地获取与城市

---

① 参见新加坡智慧国官网，https：//www. smartnation. sg/what-is-smart-nation/useful-apps/page/1，2020 年 3 月 30 日。

② "Singapore's New Waste App Provides Free Door Collection Service to Bypass Contaminated Recycling Bins"，https：//www. eco-business. com/news/singapores-new-waste-app-provides-free-door-collection-service-to-bypass-contaminated-recycling-bins/，2020 年 4 月 1 日。

发展规划相关的信息。

二　平台构建，加强跨部门和跨区域合作

　　新加坡在环境治理的机构设置、职能划分和机构间的协同合作方面显得格外有特色。由于环境问题的系统性、综合性，任何一个环境决策都可能涉及多个部门的管辖范围，新加坡非常重视部门之间的系统合作，以提升环境决策的客观性和科学性。比如，在城市规划方面，新加坡城市规划局需要同其他部门一起制定规划，将有关工业生产、农业发展、土地利用、气候变化等各方面的要素纳入后进行综合考量。① 再以新加坡环境及水源部为例，为了保证水资源的高效应用和有效应对气候变化对新加坡水资源的冲击，该部门与新加坡国家环境局、公共事业局、新加坡国家水务局和新加坡食品局一直保持着通力合作。随着科技发展的深入，新加坡运用大数据等先进技术，构建了信息和数据平台，以进一步加强各部门之间的联系。

　　在跨区域的环境治理方面，新加坡也一直先行先试，着力推进国际间的合作。新加坡是一个小国，资源禀赋并不充裕，未来更是要面临着气候变化所带来的巨大冲击，因此保持与邻国的战略友好合作关系变得非常重要。2018 年，新加坡主导建立了东盟智能城市网络（ASCN），作为一个协作平台，智能城市网络的成员城市可以在该平台上交流城市问题的解决方案，该平台的价值目标就是通过科技改变该地区的人们生活质量。②

三　多方合力，共建多元共治体系

　　环境治理体系的建构，是一个复杂而庞大的系统工程，特别是依托数据服务的环境治理体系的建构，所需要的资金、技术和资源

---

　　① Leitmann, Josef, "Integrating the Environment in Urban Development: Singapore As a Model of Good Practice", *Urban Development Division*, *World Bank*, *Washington*, *Retrieved October*, Vol. 26, 2000, p. 2011.

　　② 参见新加坡智慧国官网，https://www.smartnation.sg/why-Smart-Nation/transforming-singapore，2020 年 4 月 2 日。

都是巨大的。在这个方面，新加坡积极培育政府的合作伙伴，以公私合作的关系助力政府环境治理的数字化转型。例如，新加坡城市发展局同 Grab 建立了合作伙伴关系，共同研究新加坡本地通勤者在乘车服务中的出行方式，这将有助于新加坡的城市规划者更好地了解通勤方式以及对不同出行方式的偏好，以开展更为科学的城市规划。① 以新加坡的环境及水源部为例，其发展目标是通过创新、充满活力的伙伴关系和公私合作来实现私人领域（Private）、公共领域（Public）和公众（People）3P 的价值目标实现。可以说，新加坡在智慧国建设过程中的大量科技应用，最终目标是促进公众参与。②

本章小结

以云计算、大数据、GIS 等技术为依托的智慧化环境治理将是一场深刻的环境治理结构性革命。其将为未来城市的可持续发展提供一条新的路径。

新加坡是一个多种族的国家，多元文化导致国家治理在观念和价值方面存在冲突和摩擦，同时快速的现代化进程加剧了社会道德观念的价值伦理冲击，形成新加坡复杂的社会治理层次。因此，怎样把新加坡建设成"新加坡人的新加坡"，树立国民意识，建立国民的认同感是新加坡建国之初的重任，以战略性的眼光和高度开展顶层设计，建立法治国家，就成了新加坡战略发展的不二选择。在对国家脆弱性的描述上，新加坡一直非常有危机意识，也因此新加坡在战略发展上，一直重视外来人才引进、科技创新、法治建设和生态保护，以创造更好的环境给外来资本。也因着这些国家背景情况，新加坡一直将生态环境保护和治理、国家的可持续发展作为国家战略。

近年来，新加坡更是将"智慧国"列为国家新一轮战略发展方

---

① 参见新加坡城市发展局官网，https：//www. ura. gov. sg/Corporate/Planning/Our-Planning-Process/Digitalisation，2020 年 3 月 28 日。

② Ha，Huong，and Jim Jose，"Public Participation and Environmental Governance in Singapore"，*International Journal of Environment，Workplace and Employment*，Vol. 4，No. 3，2017，pp. 186 – 204.

向，以科技发展带动行业、经济和国家的发展，国家治理的能力前进了一大步。作为与"智慧国"和"可持续发展"的交集，智慧化环境治理在新加坡的建设走在了全世界的前列。其秉承以人为本的核心理念，以建设宜居城市和提升居民的幸福感为目标，重视部门之间的内部合作，鼓励公私合作和公众参与。如果说科技是新加坡智慧环境治理体系建立得以实现的硬件保障，那么以人为本的政策实施和保障才是体系得以实现的软实力。

下　篇

环境治理现代化的深圳经验

第八章　环境治理现代化与雾霾治理

——以深圳实践为例

雾霾问题是城市居民体验感最为深刻、感受最为强烈的环境问题之一，而雾霾治理也是城市环境治理当中最为重要的一个部分。空气作为一种公共产品，流动性很强，不受限于行政区划，雾霾问题的治理往往需要以问题出发，进行区域性的、系统性的联防联控。大数据等先进技术的助力，让雾霾问题在近年来、在全国范围内都得到了有效的缓解。"深圳蓝"已成为深圳的一张城市名片，大数据等先进技术在深圳的雾霾治理当中也发挥出了非常卓越的作用。

第一节　环境治理现代化与雾霾大数据治理

一　公众参与、数据竞争与环境信息公开

（一）环境信息垄断走向环境信息开放

PM2.5（Particulate Matter 2.5）指的是大气中直径小于或等于2.5 微米的颗粒物，其中含有大量的有毒有害物质。在很长的一段时间内，PM2.5 并没有被纳入我国空气质量体系的监测数据当中，公众对 PM2.5 这样的专业术语也并不了解。自 2011 年开始，雾霾和 PM2.5 这两个术语在"我为国家测空气"行动中进入了公众视野，进而逐步成为公众最为关切的环境话题之一。

2011 年北京的雾霾连绵不绝，美国大使馆自测的空气质量PM2.5 指数与北京环保局所公布的空气质量报告差距甚远，官方数据和民间感受存在鸿沟，致使民间开始掀起一股自救行为，将"我为国家测空气"的行动掀到高潮。许多民间组织、商业精英、意见

领袖和普通公众加入了这场自测空气的行动，后来该运动逐步蔓延、扩大，影响到了全国诸多城市。

由于各类民间检测机构和公众开始自行进行环境检测，并发布民间环境数据，这也掀起了一场有关环境检测数据来源合法性、数据本身准确性、权威性、数据权力和数据权利的讨论。反对的声音认为，民间的环境数据限于检测设备和规模，很难保障其真实性和权威性。支持的声音认为民间环境数据的进入，将促进政府环境数据的透明和公开。无论争论如何，在实践中，2011 年的 PM2.5 事件确实使得政府环保数据遭遇信任危机，并促进了政府新一轮的环境信息公开。自 2013 年开始，国家环境空气监测网开始运行，我国将 74 个城市的空气质量指数进行公布，这些数据里包含了PM2.5 在内的 6 项基本项目的实时监测数据和 AQI。到了 2018 年，国务院将 74 个城市的规模进一步扩展到了 168 个城市。中央政府也希望通过对城市空气质量的排名，对地方政府改善环境空气质量起到倒逼作用，传导治污压力，促进协同治理。①

近几年，从中央到地方，在雾霾治理方面政府更加关注信息公开，生态环境部建立了新闻发布制度，开办了微博官方账号、微信公众号，发布大气环境质量信息。② 可以说，信息治理成了大数据时代雾霾治理的重要手段之一。

（二）环境信息单向流动走向双向互动

大数据时代的雾霾治理的思路，不再是简单地从政府单向度流向公众的环境信息发布和环境内容的宣教，环境信息变成了新型的政策工具，逐步发展成了双向流动的方式。一方面，政府逐步在转变治理的思路，从公众实际的环境需求和环境权利出发，开展雾霾治理，而掌握环境舆情就变成了最为重要的路径之一。政府开始逐步学习和探索怎样通过新技术，掌握舆情的导向，更加全面和准确地了解公众环境需求，进而制定更优化的雾霾治理政策。另一方面，政府也开始积

---

① 中华人民共和国生态环境部官网：《关于生态环境部原 74 个和现 168 个城市名单问题的回复》，https：//www. mee. gov. cn/hdjl/lhfhz/202012/t20201225_814733. shtml，2021 年 10 月 10 日。

② 刘友宾：《用信息公开的光芒驱散公众心中的雾霾》，《环境保护》2021 年第 13 期。

极回应公众的环境需求，进而促进公众参与雾霾治理的过程，增加公众在环境政治参与中的获得感。

二　科技赋能下的雾霾治理能力现代化

（一）优化末端治理，逐步走向源头预防

对于雾霾治理，传统的治理方式是末端治理，末端治理针对的是对环境污染物排放进行规制。雾霾的末端治理需要更优化的环境监测和执法体系，对工业源、生活源、移动源的精确掌握和精准执法。大数据等先进技术在该领域大大提升了政府的治理能力。比如各地建立的可视化环境监测的大数据平台，可让工作人员在线实时掌握排放情况。

而雾霾治理的终极问题，是能源结构和产业结构的问题。大数据时代的雾霾治理现代化，是突破传统末端治理思维的防控，以深圳为例，在先进技术的帮助下，其精准地分析出雾霾形成的原因，主动完成几次产业转型升级和能源革命，逐步走向了源头治理。比如深圳通过大气污染源头分析，锁定深圳的雾霾主要生成来源，并制定减排路线图。2018 年，深圳对妈湾电厂下达了减排 20% 以及燃机电厂脱硫改造的任务目标，促进了深圳能源的转型升级，探索清洁能源领域的新发展。截至 2019 年底，深圳能源的清洁能源装机比超过了 56%，处于国内领先水平。[①]

（二）从部门、行政区划治理到区域整体性治理

大气是一种流动性的环境要素，并不以城市的行政边界为划分，因此雾霾治理相对于土壤等其他环境要素，更为强调区域化的整体治理。无论是京津冀、长三角还是大湾区，都出台了一系列政策加强雾霾治理的联防联控。[②] 总体来看，这些地区的雾霾治理联防联控，是

---

① 深圳政府在线：《深圳能源清洁电力建设创多个全国第一》，http：//www. sz. gov. cn/cn/ydmh/zwdt/content/post_8028181. html，2021 年 10 月 3 日。

② 2010 年，原环保部等九部委共同制定了《关于推进大气污染联防联控工作改善区域空气质量的指导意见》，提出了"解决区域大气污染问题，必须尽早采取区域联防联控措施"的思路。2012 年 9 月，国务院发布《重点区域大气污染防治"十二五"规划》，提出了建立区域大气联防联控制度、环境信息共享机制等。2014 年 9 月，环保部等部门联合发布《京津冀及周边地区落实大气污染防治行动计划实施细则》。

以信息共享为基础建立起来的。涉及雾霾治理的部门诸多，包括了环保、发改、工信、质检、交通、气象等部门。而在城市之间，由于行政区划的阻隔，要让这些部门和地方政府统筹合作，需要建立统一的规划、统一的监测、统一的监管、统一的评估和协调工作机制①，这些都离不开大数据等先进技术的赋能。比如，长三角地区统一建设了重污染天气区域预警平台，推出了黄标车的环保标识电子卡，实现了污染车辆的异地处罚等，这些都与大数据等先进技术的赋能密不可分。

（三）从政府主导治理走向多元共治格局

在传统的政府环境治理政策工具当中，政府主导的环境规制型政策工具一直是最为重要的控制手段。但是随着公众的环境意识的提升，对良好环境治理、对空气质量的需求，促进了公众的环境参与。大数据时代的来临，改变了信息传播的交互模式，一方面，公众可以更为便捷地获取环境知识，另一方面，政府也不再作为环境信息掌控的唯一垄断源头，这种开放的格局促进了雾霾治理的公众的参与，而大数据等技术进一步优化了雾霾多元共治格局的形成。官方和非官方的各类环境信息发布平台，利用大数据、物联网等技术，将环境信息可视化呈现，让公众更为便捷地获取信息，使公众的环境知情权得到了进一步的保障。同时，各级政府所搭建的新媒体平台、环境举报热线，为公众参与环境治理提供了渠道。在大数据时代，公众获取信息、掌握信息、理解信息、参与治理的能力和途径得到了全面提升，雾霾治理的多元共治格局也因此逐步形成。

第二节　深圳雾霾治理的实践与探索

一　深圳雾霾治理的背景与成效

（一）深圳雾霾治理政策的提出背景

深圳作为中国的一线超大型城市，经济总量巨大，但是其环境容

---

① 沈晓悦等：《我国雾霾治理环保体制障碍与突破》，《环境保护》2016 年第 8 期。

量较小，相较于其他一线城市，深圳面积狭小，只有北京的 1/8 土地面积和广州、上海不到 1/3 的土地面积。在国土空间和环境容量如此狭小的前提下，深圳创造了经济增长的奇迹。① 但是从 20 世纪 90 年代开始，深圳也开始面临环境污染危机。到 2002 年，深圳的雾霾天数已经突破了 100 天，到 2004 年更是达到了峰值，一年的雾霾天气达到了 187 天，相当于全年有一半的时间都有雾霾笼罩。② 深圳作为中国经济的改革排头兵，其所面临的未来发展形势同其他有历史积淀的城市有较大的差异性。保持良好的生态环境，对于深圳而言格外重要，良好的生态环境是可以提升城市形象、吸引人才、吸引投资、推动城市产业升级转型、保持经济增长活力的一张名片。因此，面对不断恶化的生态环境，深圳开始深刻反思城市发展模式，期望从战略发展的角度破解城市雾霾的困境。

2007 年，深圳市人民政府印发《深圳生态市建设规划》，提出深圳要"转变发展模式，实行环境优先"，促进"速度深圳向效益深圳转变"；2011 年，时任深圳市市长的许勤在政府报告中指出：深圳要在"十二五"期间实现从"深圳速度"到"深圳质量"的跨越，并把"提升生态发展质量"作为深圳质量的六大标准之一。与此同时，国家也开始大踏步迈向雾霾治理的新征程，随着生态文明建设的深入发展，"碧水蓝天"的建设也成为各地方的重要政治任务之一。2013 年国务院印发了《大气污染防治行动计划》（国发〔2013〕37 号），2018 年国务院印发了《打赢蓝天保卫战三年行动计划》（国发〔2018〕22 号），开始了大气污染攻坚战。在这个大背景下，深圳积极响应，印发了《深圳市大气环境质量提升计划》（深府办〔2013〕19 号），积极打造"蓝天工程"；2017 年发布了《深圳市大气环境质量提升计划》（深府〔2017〕1 号）；2018 年开始每年度开展《"深圳蓝"可持续行动计划》。可以说，深圳近些年在雾霾治理方面制定了史上最严格、创新最多的措施，并取得了良好的效果。

---

① 栾彩霞：《大气污染治理，深圳的速度和标准》，《世界环境》2017 年第 4 期。

② 中央政府门户网站：《深圳 10 年大气污染治理纪实》，http：//www.gov.cn/xinwen/2015 − 02/05/content_2815099.htm，2022 年 4 月 10 日。

（二）深圳雾霾治理系列政策的成效

深圳自 2013 年出台《深圳市大气环境质量提升计划》后，每年的空气质量指数都在稳步提升，全市 PM2.5 年均浓度每年逐步下降，从 2013 年的 40 微克/立方米已经下降到了 2020 年的 19 微克/立方米，超额完成了国务院《大气污染防治行动计划》规定的任务。[①] 2020 年，深圳的空气质量在全国 168 个重点城市中排名第 6，已经达到世界卫生组织空气质量第二阶段标准。（详见图 8-1、图 8-2）

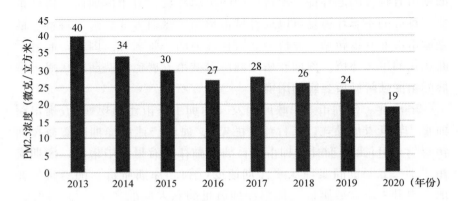

图 8-1　深圳市近年来 PM2.5 浓度变化

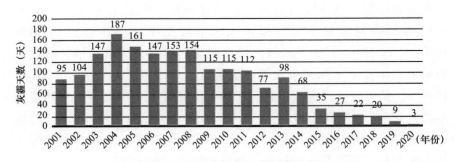

图 8-2　深圳市近年来灰霾天数变化

① 深圳政府在线：《〈2018 年"深圳蓝"可持续行动计划〉政策解读》，http：//www. sz. gov. cn/gkmlpt/content/7/7786/post_7786847. html#741，2022 年 3 月 10 日。

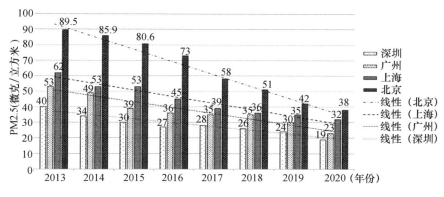

图 8 - 3　北上广深 PM2.5 浓度对比

二　深圳雾霾治理的具体举措与创新实践

深圳的雾霾治理是一场有策略、系统化的污染治理。雾霾问题不仅同城市内部的汽车尾气排放、城市生活的烟雾排放相关，其中很重要的一块是产业规划和布局。虽然看上去深圳在雾霾治理方面的大踏步前进，始于国家的《大气污染防治行动计划》，但实际上深圳从 2004 年开始就进入了雾霾的全面防治阶段。深圳的雾霾治理并不是单一针对污染防治展开的，而是在产业结构调整、创新官员考核机制、提升监测手段、实现区域联防联控等各个领域一起展开的。（详见图 8 - 4）

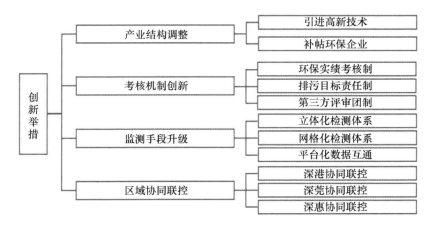

图 8 - 4　深圳大气污染治理创新举措

（一）产业结构及能源结构调整

1. 战略性产业升级，城市破解高污染传统发展路线

深圳从很早就意识到，城市的产业布局是引领城市持续发展和保障城市经济活力的最关键一环。作为新兴城市，深圳的优势和劣势都比较明显，虽然没有一些老城市的历史遗留问题的束缚，没有一些大型重工业的产业转型困境，但是也缺乏城市的历史积淀和厚度。要创造一种可以持续吸引人才和投资进入的城市氛围，良好的城市环境就显得非常重要。特别是面对瞬息变化的全球产业链发展，怎样瞄准城市定位，就显得非常重要。因此，深圳自建市以来展开了三次重大的产业升级转型，主动将重工污染移出深圳。深圳深知只有通过发展高新科技产业才能摆脱高污染的传统发展模式。到了 21 世纪，深圳一直主动追赶行业潮流，出台了一系列政策扶持新产业和帮助传统产业转型升级。2011 年，深圳出台了《关于加快产业转型升级的指导意见》《加快产业转型升级配套政策》《加快产业转型升级十项重点工作》《高新区转型升级工作方案》《深圳保税区转型升级工作方案》等"1＋4"文件；2012 年深圳根据自身情况，选择了新能源、新材料、新一代信息技术、互联网、生物技术、文化创意六大产业作为战略性新兴产业；2013 年，深圳出台了《深圳市人民政府关于优化空间资源配置促进产业转型升级的意见》"1＋6"文件等综合性政策；2014 年，深圳又进一步出台了支持未来产业的"1＋3"文件，具体包括《深圳市未来产业发展政策》《深圳市生命健康产业发展规划（2013—2020）》《深圳市海洋产业发展规划（2013—2020）》和《深圳市航空航天产业发展规划（2013—2020）》。此外，为支持未来产业发展，深圳每年安排 10 亿元用于专项支持未来产业发展。目前深圳已经形成了以金融业、高新技术产业、物流业和文化产业为支柱的新型产业格局，进入了智能产业和现代化服务业为主的新时代。①

2. 改造传统行业，实现城市可持续发展

除了对城市的整体行业发展战略做出调整以外，深圳出台了一

---

① 车秀珍等：《深圳生态文明建设之路》，中国社会科学出版社 2018 年版，第 41—43 页。

系列政策，帮助传统行业的改革和升级。目前，除了火电外，深圳的平板玻璃、造纸、水泥、印染等重污染行业都已完成了产业转移，家具制造、印刷等大气污染重点行业也进行了产业升级。① 在电力行业改革方面，深圳通过对燃油、燃煤、燃木材等污染锅炉的淘汰，率先实现了电厂超低排放，彻底淘汰了高污染的普通工商业用煤和民用散煤。② 另外，深圳着力推动循环经济和低碳发展路线，率先在全国出台《深圳经济特区循环经济促进条例》《深圳经济特区建筑节能条例》《深圳经济特区碳排放管理若干规定》等 18 部法规、规章。③

3. 做大做强环保、新能源产业，经济发展与环境保护并行

深圳在雾霾治理方面的策略，并不是单纯从污染防治领域出发，而是希望从整个行业和产业的升级转型、技术的提升、行业的自我标准提升，从根源上解决城市雾霾的问题。这种治理路径不是单纯依靠政府行政管制和命令去强制企业限排，而是将环保产业本身当作城市经济的主要命脉进行扶持，而反向惠益于环境治理。2009年，深圳就印发了《深圳市新能源产业振兴发展政策》，每年安排 5 亿元专项资金用于支持新能源产业的发展；2014 年，深圳出台了《深圳节能环保产业振兴发展规划（2014—2020 年）》，正式将环保产业纳入全市战略性新兴产业范畴，设立了节能环保产业发展专项基金，以支持节能环保产业集群的发展。

（二）干部考核评价机制创新

1. 优化干部考核方式，纳入环境保护绩效

在环境治理推进的道路上，深圳也是全国最早展开官员考核评价体系改革的城市之一。2004 年，深圳就展开了党政干部环保考核工作，考核内容涵盖环境质量、环保任务、环保投入、环保表现、环保民意等④；2007 年，深圳出台了《深圳市环境保护实绩考核试

---

① 栾彩霞：《大气污染治理，深圳的速度和标准》，《世界环境》2017 年第 4 期。
② 栾彩霞：《大气污染治理，深圳的速度和标准》，《世界环境》2017 年第 4 期。
③ 董战峰等：《深圳生态环境保护 40 年历程及实践经验》，《中国环境管理》2020 年第 6 期。
④ 车秀珍等：《深圳生态文明建设之路》，中国社会科学出版社 2018 年版，第 31 页。

行办法》，正式将环保考核工作制度化；2013 年，深圳进一步将实施了 6 年的环保实绩考核"升级"为生态文明建设考核，制定出台《生态文明建设考核制度》，对全市各级部门和企业的生态文明建设工作实施年度考核，在《生态文明建设考核制度》中大气污染防治工作完成情况是重点考核内容之一；近几年，GEP 和 GDP 双运行的干部考核机制也开始进行全市的试点。

2. 污染减排目标考核制，优化环境政策执行效果

除了加大环境保护和治理在官员考核中的比重外，深圳也是全国较早开展大气污染减排目标量化考核机制的城市之一。2004 年，深圳实施《深圳"十一五"期间主要污染物排放总量控制计划》，将污染减排指标按年度分解落实到各区政府和重点排污单位，市长同 12 个重点责任单位签订了污染物排放总量控制目标责任书，明确规定了各个单位每年要完成的任务。① 国务院出台《大气污染防治行动计划》后，深圳市印发了《深圳市大气环境质量提升计划（2017—2020年）》，提出了比国家和广东省考核要求更为严格的空气质量控制目标，提出到 2020 年 PM2.5 年均浓度控制在 25 微克/立方米。而这些具体的目标全部也变成了官员绩效考核的重要指标之一。

3. 第三方评审机制，优化干部环保考核体系

在官员的绩效考核机制改革方面，为了降低政府部门内部考核会存在的寻租、腐败的风险，深圳创新引入了第三方评审团机制，由环保专家、政协委员、人大代表、居民代表等社会各界人士，对考核单位的环境治理工作进行评审。② 这种创新机制，优化了政府内部官员考核的透明度和公正性，也拓宽了社会参与环境治理的维度。

（三）立体、网格、动态环境监测体系建立

1. 空气立体监测体系的建立，安排节能减排路线图

深圳的雾霾治理同时是一种基于科技的精准治理。深圳从 2004

---

① 车秀珍等：《深圳生态文明建设之路》，中国社会科学出版社 2018 年版，第 31 页。

② 深圳市生态文明建设考核领导小组办公室：《新形势下生态文明建设考核如何发挥新作用》，http://www.cecrpa.org.cn/llzh/201909/t20190910_733280.shtml，2021 年 8 月 3 日。

年就开始对雾霾的污染来源展开研究，为掌握 PM2.5 的来源，深圳市支持北京大学等机构开展 PM2.5 来源解析工作，并建立了"1 塔 6 站"的空气污染立体监测体系，实现了高空和地面结合的全天候立体化监测工作。科研机构通过对"1 塔 6 站"收集的立体监测数据进行分析，进一步掌握了深圳市雾霾的特征、形成机理以及污染物来源等重要信息并据此提出深圳市雾霾的重点治理领域。因此，深圳的雾霾污染防治，是基于科学研究的行动计划，《深圳市大气环境质量提升计划》是根据深圳雾霾污染物来源的具体行业和领域制定而成的。

2. "一街一站"网格化空气监测体系建立，实现空气监测全覆盖

深圳作为中国高新科技发展的"基站"，在雾霾治理领域也充分依托了技术的赋能。高科技为实现深圳空气质量检测的全覆盖，提升深圳的环境监测能力，提升深圳雾霾治理的精细化、精准化管理水平，起到了不可替代的作用。从 2018 年开始，深圳便开始布局 PM2.5 自动监测网络，在全市 74 个街道完成了全面监测点的建设，形成了"一街一站"的网格化空气质量监测体系。作为全国首个按照国家标准建设的覆盖所有街道的网格化空气监测系统，"一街一站"监测系统可以对全市 74 个街道的 PM2.5 进行排名，排名结果通过深圳空气质量 App、微信小程序、深圳人居委微信公众号对外公布，公众可以通过这些平台实时查询深圳的空气质量情况。[①]"一街一站"系统的建立，不仅完善了环境监管部门的监管能力，同时还为公众提供了一手的公开透明的环境资讯。

3. 开展部门间环境监测数据互联互通机制，实现机动车排放监管

空气是流动的，那么对雾霾的治理很自然会涉及各个相关部门的权力管辖范围。以机动车尾气排放污染治理为例，为了实现协同治理，深圳打通了生态环境局、公安局交通警察局、交通运输局、市场监管局等部门数据，实现道路车流量、排气检验、遥感监测、

---

① 陈昊：《"一街一站"让深圳大气治理走向精细化》，《环境》2018 年第 10 期。

超标违法、维修保养等数据的共享，通过大数据分析手段，深入分析机动车尾气污染排放的特征和治理重点，实现机动车减排的精细化治理。[①]

表 8 – 1　　　　　深圳大气污染治理领域的创新举措和成效[②]

序号	深圳大气治理领域成效	具体内容与数据
1	国内首个"一街一站"的城市	深圳全市 74 个街道全覆盖、网格化空气监测体系，公众可以通过手机 App、微信小程序、微信公众号进行实时查询
2	新能源公交车数量全国最多	2020 年，深圳市已连续六年成为全球新能源汽车注册登记数量最多的城市，其中保有超过 8.6 万辆新能源物流车，是全球新能源物流车最多的城市
4	最早实施船舶污染治理	出台《深圳市港口、船舶岸电设施和船用低硫油补贴资金管理暂行办法》《深圳市绿色低碳港口建设五年行动方案（2016—2020 年）》等政策，成立了我国首个船舶大气污染防治工作室
5	最早在全国推广水性涂料	全国首个低挥发性涂料地方标准《低挥发性有机物含量涂料技术规范》，标志着深圳工业源挥发性有机物治理工作进入深化阶段，有利于大幅度减少挥发性有机物的排放，抑制臭氧污染
6	全国唯一淘汰全部散煤和普通工业用煤	深圳的《大气污染环境质量提升计划（2017—2020 年）》规定要淘汰全部散煤和普通工业用煤，目前已实现
7	深圳市全国唯一一个全市限行黄标车的城市	深圳出台系列政策淘汰黄标车，"十二五"期间全市累计淘汰黄标车及老旧车辆 31.2 万辆，黄标车基本被淘汰

---

① 《〈2018 年"深圳蓝"可持续行动计划〉政策解读》，http：//www. sz. gov. cn/zf-gb/zcjd/content/post_4981727. html，2021 年 9 月 15 日。

② 资料由作者整理而成。

序号	深圳大气治理领域成效	具体内容与数据
8	深圳市国内第一个开展PM2.5源解析的城市	深圳最早展开PM2.5源解析，提出了细颗粒物是导致灰霾的关键污染物
9	全国唯一全市禁燃高污染燃料的城市	2011年深圳将全市范围划定为高污染燃料禁燃区

第三节　深圳雾霾治理的借鉴意义

深圳的雾霾治理是一场系统性的变革，其在顶层设计、行政引导、市场调节、公众参与、科技赋能五大领域展开了探索。"深圳蓝"作为一张城市名片，为全国各城市的雾霾治理提供了一些借鉴意义。（详见图8-5）

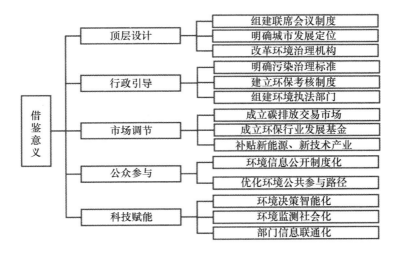

图8-5　深圳市大气污染治理借鉴意义

一　全局统筹，战略性开展雾霾治理

（一）组建联席会议制度，各部门协调提升大气环境质量

在我国的行政管理框架体系内，一个可能会跨部门、跨行政区划协调发展的事项，即需要一个统筹部门的指引。深圳市为了解决雾霾问题，专门组建了大气环境质量提升联席会议制度，由市领导担任召集人，成员单位包括市发改委、生态环境局等 15 个市政府部门和各区政府、新区管委会。该联席会议定期组织召开会议，协调解决大气环境质量提升工作相关问题。[①]

（二）明确城市发展战略定位，破解雾霾治理的结构性困境

城市发展的战略定位是引领一个城市发展方向的总章程。早在 2007 年深圳市委就印发了《关于加强环境保护建设生态市的决定》，对深圳全面开展建设"生态市"做出了战略部署；2008 年又进一步制定出台《深圳生态文明建设行动纲领（2008—2010）》；2009 年深圳市与原住房和城乡建设部签署了《关于共建国家低碳生态示范市合作框架协议》；2014 年又出台了《关于推进生态文明、建设美丽深圳的决定》《深圳市生态文明建设规划（2013—2020）》等政策，进一步明确深圳"生态立市"的战略规划。可以说，深圳很早就意识到了良好的生态环境对吸引人才、投资、要素资源，实现城市可持续发展的重要性。

在以"生态立市"的前提下，深圳积极主动推动产业变革升级，腾笼换鸟，最终从早期发展"三来一补"的劳动密集型加工业，发展成为现在的以高新技术产业为主导的产业结构。在推动创新产业发展的过程中，推进循环低碳的发展，不断淘汰落后产能，出台《深圳经济特区循环经济促进条例》《深圳经济特区建筑节能条例》《深圳经济特区碳排放管理若干规定》等 19 部法规、规章。根据《深圳市 2020 年国民经济和社会发展统计公报》显示，深圳战略性新兴产业生产总值占地区生产总值的比重达 37.1%，高新技术制造业和先进制造业增加值占规模以上工业增加值的比重分别是

---

① 参见广东省生态环境厅官网，http：//gdee. gd. gov. cn/shenzhen3073/content/post_2328575. html，2021 年 10 月 3 日。

66.1% 和 72.5%，单位面积 GDP 产出位居全国大城市之首。在能源结构调整方面，深圳已经彻底淘汰了普通工商业用煤和民用散煤，形成了以清洁能源为主导的新型能源结构。

（三）环境治理机构改革，"大环境"理念开展大气治理

机构改革是解决部门臃肿的一服良药。2009 年，为了优化政府行政效率，提升政府治理效率，深圳市开展了"大部制"改革，将原有的 46 个政府工作部门缩减到 31 个。在环境治理领域，深圳突破了传统框架，组建了具有"大环境""大服务"特色的人居环境委员会，将环保与经济发展、社会治理、公共服务等功能整合起来，其具体职责包括了综合运用环保、水务、建设、住宅、气象管理等手段，发挥整体优势，全面提升人居环境质量和水平。[1] 2019 年，随着国家的新一轮机构改革，深圳将气候变化和减排、碳排放交易等职能进一步并入深圳人居委员会，组建成立了生态环境局。自此，深圳的碳排放和气候变化等相关领域的治理职能，并入了统一的生态环境局，形成"大环境"治理的格局。

二　创新环境行政规制手段，落实雾霾治理责任

（一）大气污染领域标准先行先试，规范执法依据与标准

雾霾治理需要明确的环境标准，但是全国范围内有关大气污染排放的环境标准存在着标准不统一、技术规范不明确等问题。深圳在环保地方标准的探索方面先行先试，出台了一系列标准、技术规范，严格控制重点行业的污染排放，弥补了诸多领域的行业空白。如深圳市发布的《汽车维修行业喷漆涂料及排放废气中挥发性有机化合物含量限值》《建筑装饰装修涂料与胶粘剂有害物质限量》《生物质成型燃料及燃烧设备技术规范》《非道路柴油移动机械排气烟度限值及测量方法》《低挥发性有机物含量涂料技术规范》等规范都为大气污染治理提供了明确的监管标准，使得大气污染治理有法可依，有据可查。

---

① 车秀珍等：《深圳生态文明建设之路》，中国社会科学出版社 2018 年版，第 33 页。

（二）建立生态文明建设考核制度，雾霾治理责任明确化

把生态文明建设纳入干部考核体系是可以有效提高各职能部门响应国家生态文明建设的积极性。早在 2004 年深圳就成立了市一级的治污保洁办公室，开展对 6 个区政府、市政府 23 个职能部门以及大型国有企业治污工程的考核工作，是全国最早开展生态文明建设考核的城市之一；2007 年，深圳市政府制定了《深圳市"十一五"期间主要污染物排放总量控制计划》，将污染物减排的指标按年度分解落实到了区政府和重点排污单位；2018 年，深圳市政府的主要领导同全市 10 个区、11 个市直部门和 3 个重点企业负责人签订了《2018 "深圳蓝"可持续行动工作目标责任书》。此外，深圳还在《深圳市生态文明建设考核制度（试行）》中，将生态文明建设考核列为全市七项"一票否决"的考核之一，体现了深圳建设生态文明城市的决心。

（三）组建环保警察，提高环境执法效率

职权匹配才能有效开展工作。为解决环保部门只有行政执法权而不能直接采取强制措施的问题，2017 年深圳原人居委挂牌成立了"打击污染环境违法犯罪办公室"，"环保警察"制度正式落地。环境部门同治安部门合作打击环境污染违法行为的方式增强打击环境违法犯罪的震慑力，一经推出就大大提高了环境执法的效率，使深圳成为高效环境执法的典范城市。

三　创新环境治理市场机制，通过激励手段实现行业转型

（一）建立碳排放交易市场，市场化手段实现碳达峰和碳中和

雾霾治理和碳排放治理在污染来源上具有很大的同构性，深圳也十分重视碳排放问题的治理，深圳在 2013 年就作为国家首个碳交易试点城市，在全国范围内率先启动了碳交易工作，并出台了《深圳经济特区碳排放管理若干规定》《深圳市碳排放权交易管理暂行办法》等政策文件；2020 年国家提出了碳达峰和碳中和的发展目标，为了回应国家战略，深圳推出了《深圳市工业和信息化局支持绿色发展促进工业"碳达峰"扶持计划操作规程》、《深圳碳普惠体系建设工作方案》（深府办函〔2021〕92 号）等系列政策，积极探

索碳普惠市场激励机制；2021 年，深圳在《深圳市生态环境保护"十四五"规划》（深府〔2021〕71 号）中进一步提出将大气污染问题与碳排放协同治理，同时实现空气质量达标和碳排放达峰的双重目标，进一步提高深圳生态环境治理现代化的效率。

（二）通过专项资金，促进节能环保等行业发展

新能源和环保产业已成为深圳的重要支柱产业之一，在产业支持方面，深圳建立了专项基金帮助节能环保行业渡过市场导入期。同时，为了支持环保产业的健康发展，为了支持环保行业的发展，深圳出台了《循环经济与节能减排专项资金管理暂行办法》《新能源产业发展专项资金扶持政策》《节能环保产业发展专项资金扶持计划》等一系列专项资金政策，采用无偿资助、贷款贴息和股权入股的方式促进新能源、环保产业的行业发展。

（三）通过补贴方式，实现行业转型升级

对传统高污染行业，既不能听之任之，也不能操之过急，可以适当采取财政补贴的方式使这些企业平稳转型。深圳市通过《深圳市新能源汽车推广应用扶持资金管理暂行办法》《深圳市老旧车提前淘汰奖励补贴办法》《深圳市公共交通运营定额补贴实施方案》等系列补贴方案鼓励传统汽车行业向新能源产业转型，使深圳成为全国新能源车辆最多的城市，截至 2021 年 4 月，深圳全市新能源汽车保有量为 48 万辆，占全市机动车比例的 14%，居全国第一。此外，深圳还发布了《深圳市港口、船舶岸电设施和船用低硫油补贴资金管理暂行办法》《深圳市黄标车提前淘汰奖励补贴办法》《深圳市大气环境质量提升补贴办法》等补贴方案助力其他行业进行产业转型升级。①

四　重视环境治理的公众参与手段，搭建共建共治共享体系

（一）加大环境信息公开，提升公众环境权利意识

生态文明建设是关系到全体公众的宏大工程，公众参与是实现生态文明建设的重要路径。为保证公众的知情权、监督权和参与

---

① 参见广东省环境厅官网，http：//gdee. gd. gov. cn/shenzhen3073/content/post _ 2328575. html，2021 年 10 月 14 日。

图 8 - 6　深圳市环境保护信息公开专栏

权,深圳市在 2021 年新通过的《深圳经济特区环保条例》中,对"信息公开和公众参与"进行了专章规定。同时,深圳市生态环境局官网还开设了信息公开重点领域专栏,公众可以随时随地查询政府各项环保工作的进程、环境质量状况等信息。此外,深圳市生态环境局根据新修订的《政府信息公开条例》,每年会发布政府信息公开工作年度报告,根据其 2020 年发布的政府工作报告中显示,深圳市生态环境局 2020 年全年在"两微一端"发布相关推送近 1200 条。①

（二）借力新媒体,优化公众环境参与路径

新媒体技术的兴起使公众可以更加便捷地对政府工作提出意见和建议,深圳充分利用了新媒体平台来加强公众参与,在环境信息公开、环境举报方面,均以公众便利为出发点,开发了各类微信小程序、公众号和 App。2020 年深圳实施《深圳市生态环境违法性为举报奖励办法》,②设立了有奖举报平台,市民可以通过 12369、

---

① 参见深圳生态环境局官网,http://meeb.sz.gov.cn/xxgk/qt/ndxxgkbg/,2021 年 10 月 5 日。

② 参见深圳市生态环境局官网,http://meeb.sz.gov.cn/xxgk/qt/hbxw/content/post_8589235.html,2021 年 10 月 2 日。

12345 或登录深圳市生态环境局官网、微信公众号等途径进行举报。生态环境局会对市民举报线索核查，查实的案件会根据等级进行奖励，同时鼓励企业内部职工积极举报。

五 重视环境治理的科技手段，提升大气治理能力

（一）注重前瞻性研究，依靠数据进行环境决策

大气治理的前提是找到雾霾的具体源头，这就要求当地政府必须加强污染源监控和数据分析工作。深圳是全国最早开展大气细颗粒物研究的城市之一，早在 2004 年深圳市就已经通过建设大气观测超级站，找到了雾霾的成因，进行源头治理。在此后的多年内，深圳的大气治理都是基于 PM2.5 的来源解析研究，有针对性地进行环境治理决策，一切以数据说话，每个时期针对不同污染源采取差异化治理策略。比如早期主要针对港口、火电等，而到了 2018 年，深圳的 PM2.5 主要来源变成机动车尾气，因此治理逐步从工业源转移到了移动源治理。

（二）扶持社会力量，搭建雾霾治理监测体系

污染源监测等大气污染监控工作具有较高的技术壁垒，适当引入社会力量进入环境监测领域，可以通过专业化技术力量搭建环境监测体系，同时也鼓励了相关产业的发展和促进行业良性竞争和发展。深圳在大气污染监测系统的建设方面一直走在全国前列，深圳在建设环境监测系统的过程中，积极扶持和引导社会力量进入该领域。截至 2018 年末，深圳投资超千万元的社会监测机构已达到 22 家，总资产超过 7 亿元。① 到 2020 年底，深圳已经建成环境空气质量立体监测、预报预警及可视化会商等大气污染防治系统，构筑全方位、多维度、立体化、综合性的空气质量监测体系。

（三）打通部门数据壁垒，部门协作开展雾霾治理

深圳在智慧城市、大数据建设方面走在全国前列。其是全国最早成立政务服务数据管理局的城市，建立了大数据资源管理中心。在生态环境领域，深圳也是最早打通部门信息壁垒、建立生态环境

---

① 《深圳率先探索推进生态环境监测现代化》，http：//stzg. china. com. cn/2020 - 12/03/content_41380688. htm，2022 年 3 月 15 日。

大数据平台的城市。以雾霾的移动源监管为例,其涉及环保、交通、公安等部门。深圳将道路黑烟车视频监控系统和黑烟车环保社会监督员举报系统联网使用,经过系统筛选、人工确认黑烟车后转交给交警部门查处。[①]

本章小结

空气是人类赖以生存的环境要素,清洁的空气是公众应享有的最基本的环境权益。2011 年,随着 PM2.5、雾霾等专业术语逐步进入公众视野,"我为国家测空气"等环境运动的影响,逐步拓宽了政府环境信息公开的渠道,也增加了公众环境公众参与的渠道。

大数据等先进技术在雾霾治理中起到几个方面的重要作用,第一个方面是,大数据等先进技术促进了政府的环境信息公开和公众参与。空气质量是关乎公众切身利益的重要环境话题。进入大数据时代,新的环境信息的传播和交互模式产生了变化,政府不再是环境信息的垄断者,社会和公众自己可以产生和制造环境信息并进行传播,这倒逼了政府的环境信息公开,而这一点在雾霾治理领域尤为明显。

第二个方面,大数据等先进技术提升了政府雾霾治理的能力。其一,先进的环境监测手段,提升了政府环境监测数据的准确性和权威性,逐步实现了雾霾的精准治理,也敦促各个城市逐步从雾霾的末端污染防治逐步走向源头的产业和能源结构调整;其二,大数据等技术为区域化整体化的治理提供了技术路径,让雾霾的联防联控成为可能;其三,双向的环境信息流动方式促进了环境多元共治的格局形成,公众获得了更多环境公众参与的渠道。

深圳的雾霾治理,是一场有策略、有技术、有态度的治理历程。深圳从 2004 年开始便着力于雾霾治理。其从战略高度统筹全局,并不是按照传统的"末端治理"的思路展开,而是组建了联席会议制度,明确深圳这个新兴城市的未来发展定位,在城市经济和产业发展定位的基础上,展开产业和能源结构的改革升级。这几年,深

---

① 车秀珍等:《深圳生态文明建设之路》,中国社会科学出版社 2018 年版,第153 页。

圳在新能源、环保产业方面的投入和成就有目共睹。实际上，深圳依托的是城市的经济命脉的升级来实现雾霾治理的大踏步前进。而在雾霾治理的标准方面，深圳先行先试，出台了一系列的环境标准和技术规范，让雾霾治理有法可依。同时，深圳深知环境治理与官员考核之间的紧密联系，为了鼓励和激发官员投入生态文明建设的浪潮，深圳不断改革创新，创新官员考核评价体系和责任体系，让雾霾的责任落实到明确的个体上，破解部门推诿的现象。在市场机制建设的领域，深圳在不断探索碳排放交易市场，希望在碳中和、碳排放领域为生态文明建设添砖加瓦。在公众参与方面，深圳借力新媒体和各类技术平台，加大环境信息的公开和共享，激发公众加入雾霾治理的行列。值得注意的是，深圳作为科创城市，在雾霾治理的过程中充分运用了大数据等先进技术，提升了城市雾霾监测的水平和治理的能力。

第九章　环境治理现代化与
城市应急管理
——以深圳实践为例

　　城市的可持续发展所要考量的领域方方面面，不仅需要稳健的经济发展为人口提供就业，不断的产业转型升级促进城市活力，充足的社会保障和公共服务为居民提供生活保障，还需要良好的工作生活休憩的环境，让真正生活在这一片热土上的人宜居宜业。但重中之重，是一个安全稳定的城市运行体系，这是城市可持续发展的基石。城市的应急管理也是广义的环境治理现代化中的重要一环。进入大数据时代后，城市所面临的现代性风险变得更为错综复杂，怎样依托科技发展的技术赋能，实现机制体制的转型升级和制度的优化，保障城市的安全稳定，也是大部分城市关注的热点议题。深圳作为一个沿海城市、超大型城市、流动人口巨大的城市，面临着气候变化引发的生态环境风险、超大城市生命线运行过程中的应急风险、流动人口的不稳定风险等各式各样的问题。但是深圳一直先行先试，战略性布局自身的应急管理体系，并依托科技创新和技术赋能，加大部门合作和区域协同，形成了一套"大应急"城市应急体系。

第一节　环境治理现代化与城市应急管理

一　现代性风险与城市应急管理

　　工业革命所带来的城市化进程，给人类社会的发展带来了深远的影响。人类逐步脱离了农业文明的束缚，对生态自然环境可以给予更多的改造，但同时，随着城市化进程的发展，每个个体成为系统中的组成部分，任何风吹草动所带来的影响无法割裂来看，任何风险的发生所造成的影响，变成了一种系统化的影响。20世纪中后期以来，这种由于突发性事件所带来的系统性灾难愈演愈烈，比如切尔诺贝利核泄漏事故、9·11恐怖袭击、中国的"非典"蔓延。而2020年开始席卷全球的新冠肺炎疫情，更是对人类社会的发展产生了变革性、系统性的深远影响。任何国家、地区和城市所遭受的冲击，互相之间都紧密相连。

实际上，多年前，乌尔里希·贝克、尼古拉·卢曼、安东尼·吉登斯和斯科特·拉什等就从"风险"的角度对当代社会的巨变进行了全新解读。[①] 他们认为现代社会的构建是相对脆弱的，因为社会结构本身是一种更为复杂、系统的构建方式，从资源分配方式到生产生活方式，现代社会看似精妙的架构背后却隐藏着系统之间无法割裂的风险。而这种现代风险是不确定的、系统性的，这种破坏性是人造的，同时风险的分担又是不均衡的，这种损害结果可能是全球性的、不可逆的。从20世纪中后期开始到21世纪，人类所面临的每一次突发事件，无论是公共安全事件、公共卫生事件，还是自然灾害，损害的全球性蔓延恰恰证实了上述几位学者对现代风险的预判。以目前仍在肆虐全世界的新冠肺炎疫情为例，这场疫情对国际关系、外交政策、产业发展、医疗体系、社群交往模式等，都产生了革命式的影响。因此，以怎样的态度面对现代性的风险，以怎样的策略前瞻性地对风险进行防范，成为应对现代性风险的重要理念和思路。

（一）现代社会风险的不确定性、系统性与破坏性

谈及风险的概念，首先就要与危险的概念相辨别。危险可以说是一种可以预判损害程度的险境。我们谈及危险，其实已不害怕，因为我们对危险的发生方式、会产生的损害后果和危害程度，以及

---

① "风险"这个词似乎在17世纪才得以变成英语，它可能来源于一个西班牙的航海术语，意思是遇到危险或者触礁。这个概念的诞生是随着人们意识到这一点而产生的，即未能预期的后果可能恰恰是我们自己的行动和决定造成的，而不是大自然所表现出来的神意。参见 [英] 安东尼·吉登斯《现代性的后果》，田禾译，译林出版社1999年版，第27页。

补救和修复的方式，都已经有了一定的了解和掌控。"风险"和"危险"是一组概念邻近，但内涵有着较大差异的词语。其中最大的差异性，就在于"不确定性"。我们对"风险"虽然有着一定的了解和预判，但是实际上我们并不知道风险将在何时何地、以何种方式进入我们的眼帘，也并不知道风险最终所产生的危害性和损害后果会有多大，这也为我们掌控风险问题，带来了困境。

进入现代社会，伴随着工业革命的进程，工业化、城市化、全球化进程的发展，风险也一步一步在升级。在农业社会，一场海啸可能带来的影响是区域性的，但是在现代社会，一场海啸，比如福岛核电站所遭遇的海啸，其危害后果就变成了全球性的。在农业社会，出海打渔可能不会产生什么特别的后果，但是在现代社会，跨国的邮轮可能就会携带着各类新物种进入不同的国家和地域，造成外来物种入侵的问题。诸如此类的问题，不胜枚举。现代社会的风险的破坏性变得更大，而这种破坏性是系统性的。这种系统性的来源，源于我们社会的组织结构、生产方式、消费方式都变成了系统化的，整个世界的连接性更加紧密，任何一环所造成的问题，可能都会导致系统性的问题。从这个意义出发，现代社会，相比农业社会，其脆弱性是更强的。

同时，现代社会所面对的风险，其不确定性也在进一步升级。在工业化或者后工业化时代，社会结构里有着过分专业化的劳动分工，我们无法从纷繁复杂的系统当中，梳理出一个环节的瑕疵和纰漏，可能会产生怎样的影响。而人类对于世界的认知也是有限的，很多风险所带来的副作用可能也超出了现代文明的认知，这也使得现代风险显得更加可怕和威力无穷。

另外，现代风险，还是一种"人造"的风险。比如对生物多样性问题的伤害，随着人类科技能力的提升，人类的生存空间在地域版图上的扩展，不断挤压着动物的生存空间，人类所建构的大型工程，对生物生存方式的影响，人类所排放的污染和垃圾，对生态界的侵袭，都在导致快速的物种灭绝。而由于物种灭绝所带来的生态系统的紊乱，又超出了人类的知识理解范畴。我们对于一个特定物种灭绝以后会产生的影响，是无法全面认知的。这使得这个世界并没有越来越受到我们的控制，而似乎是不受我们的控制，成为一个"失控的世界"。①

（二）城市复杂性、脆弱性与城市应急管理

人类现代文明的主要载体，从某种意义而言，就是城市。城市文明的兴起，也是人类文明逐步走向繁荣的进程。随着几次工业革命的发展，更是加速了全球的城市化进程。越来越多的人到城市寻求生活，越来越多的人，依靠有着复杂运行系统的城市。但是由于城市构成的复杂性、资源分布的高密集性，城市相对于乡村，变成了更为脆弱的一个运转机构。停水、停电，可能就会让一个城市陷入混乱；一场大雨、一场地震，可能就会让一个城市停摆。特别是进入了互联网时代，看上去精密运转的城市，却要应对更多的潜在威胁。正是因为城市运转的复杂性和脆弱性，要求我们建立更完善的制度，去预防风险，保障城市的安全。就城市建设本身而言，不仅需要稳健的经济发展为人口提供就业，不断的产业转型升级促进城市活力，充足的社会保障和公共服务为居民提供生活保障，还需要一个安全稳定的工作生活休憩的环境，它是城市得以可持续发展的基本前提。正如美国城市问题研究专家乔尔·科特金（Joel Kotkin）曾经这样强调："城市首先而且必须是安全的。"②

改革开放40多年来，我国的城镇化建设突飞猛进，据2021年国家统计局第七次全国人口普查的主要数据显示，我国的城镇化率已经达到了63.89%，未来十年中国的城市人口比重将达到70%。这意味着城市将成为我国政治、经济和社会发展的重中之重。但是我们的城市发展，也面临着诸多困境，其中对突发事件的应对，成为一个重要的环节。比如天津塘沽爆炸事件、深圳光明滑坡事件，都为城市的稳定和安全敲响了警钟。应急管理是环境治理领域中不可分割的一个组成部分。环境治理的现代化，不仅意味着对已知的诸如污染排放这一类危险的控制，还意味着，对于不可知的环境风

① ［英］安东尼·吉登斯：《失控的世界》，周红云译，江西人民出版社2001年版，第21页。

② ［美］乔尔·科特金：《全球城市史》，王旭译，社会科学文献出版社2010年版，第19页。

险的预防。环境应急管理，需要我们做好预案，将风险导致的损害降到最小。这些风险可能来自自然灾害，可能来自像工业生产一类的人为灾害。但无论是哪一类，都可能对现代城市的可持续发展，产生深远的影响。

二　我国应急管理体系的建立与逐步完善

（一）"一案三制"的应急管理体系建立

为了应对现代性的风险，2003 年的"非典"之后，我国按照应急预案、应急体制、应急机制、应急法制的"一案三制"的次序，开始了综合应急管理体系的建设。其中"一案"具体指的是国家突发公共事件的应急预案体系，该体系包括了政府负责的总体预案、部门预案、专项预案、重大活动预案，也包括企事业单位预案和社区预案。

而"三制"具体指的是应急管理体制、机制和法制。其中，应急管理体制指的是应急管理的指挥机构和领导机构的建立。综合应急管理体系的应对对象是全灾种，为了能实现全灾种全过程的管理，各级政府建立了由政府办公厅（室）加挂"应急办"实施"综合协调"的管理体制，其目的是希望由政府主要官员协调各部门进行统一领导，最终形成了"统一领导、综合协调、分类管理、分级负责、属地管理为主"的应急管理体制。应急管理机制指的是开展应急管理的运行机制，包括监测预警机制、应急信息报告机制、应急决策和协调机制等。应急管理法制指的是我国的应急管理法制建设条块结合。各类法律、法规、规章和政策性文件涉及生产安全、交通安全、食品安全、道路安全、港口安全等各个方面。2007 年我国颁布实施了《中华人民共和国突发事件应对法》，为应急管理设置了统一的规范和标准。我国的"一案三制"应急管理体系的建立应对了许多大型的公共突发事件，但在实践中也出现了一些问题，比如"全灾种管理和全过程管理往往格格不入，难以兼容"等问题。[①]

---

① 童星：《中国应急管理的演化历程与当前趋势》，《公共管理与政策评论》2018 年第 6 期。

（二）总体国家安全观下的公共安全治理

我国的应急管理工作的开展，随着社会的发展也在不断地转型升级。2014 年习近平总书记提出了总体国家安全观，应急管理的本质被界定为公共安全治理。2015 年我国颁布实施了《国家安全法》，提出了包括生态安全、资源安全、核安全在内的 11 类安全。在公共安全治理理念的引导下，应急管理的功能向前后延伸，发展成为风险治理、应急管理和危机治理三个部分。前期的风险治理包括了风险识别、风险评估和根据风险评估进行的决策；中期的应急管理包括了预案、队伍、资金、装备、场地的准备，以及灾害事件发生后的相应处理和灾害过后的恢复。危机治理包括了调查、问责和改进。①

2018 年国家开展了新一轮的大部制改革，成立了应急管理部，对应急管理体制做了较大的调整。在新的管理体制下，应对公共卫生事件的职能和社会安全事件的职能不再由应急管理部门承担，国家整合了关于减灾和安监的重大职能的 13 个部委机构，成立了应急管理部，以应对自然灾害和事故灾难。而自然灾害和事故灾难都与环境相关，也是本章需要主要探讨的应急管理内容。

第二节 深圳应急管理体系的历史脉络

深圳作为改革开放前沿城市，从一个小渔村逐步发展成为现在超过 2000 万管理人口的超大型城市，经历了一系列的摸索和变革。在城市 40 多年的发展进程中，也经历过一系列关于城市安全和可持续发展方面的困境。经过不断地摸索、提炼和完善，特别是随着大数据时代的来临，通过技术的新一轮赋能，可以说深圳已经形成了相对完善的应急管理模式。

40 多年来，深圳在高速发展的同时，也遭遇了生态安全、自然灾害、社会安全、公共卫生领域的困境和挑战，也遭遇过一系列的

---

① 童星：《中国应急管理的演化历程与当前趋势》，《公共管理与政策评论》2018 年第 6 期。

重大安全事故。深圳的应急管理制度的不断发展、升级和完善，是政府治理理念的不断转化升级的过程，是应急管理机制体制改革完善的过程，也是从一次次事故中不断反思和总结的过程。

一　"8·5"清水河爆炸事件：深圳应急管理理念的全面转变

20世纪90年代初期，深圳的发展仍以制造业为主，和现在主要以高新科技、新能源为主导产业的深圳不同，当时的深圳还拥有不少的化工企业。1993年8月5日，深圳市清水河化工危险物品库发生重大爆炸，造成15人死亡、800余人伤亡、损毁建筑物达到3.9万多平方米，造成的直接经济损失达2亿多元。爆炸案的发生给深圳在应急监管领域敲响了警钟，通过调查，深圳地方政府也发现了自身在安全监管方面的诸多漏洞。比如"消防安全部门在防止火灾火险方面的督促检查很不得力"，"消防无水，失去火灾初期灭火机会"，但最主要的问题是"对清水河仓库区的总体布局未按国家有关安全规定进行审查"①。

清水河爆炸事件直接促使了深圳应急管理思路的重大转变，深圳认识到了一场突发事件的危害性，也认识到了城市发展中的现代性风险。自此，深圳将应急管理的关口前移，将事后的被动式应急逐步转向了事前的预防。所以，自20世纪90年代开始，深圳便按照"预防为主、源头控制"的思路展开安全生产工作，通过合理规划设计、严格建设管理过程、完善生产流通等各个环节，开展城市应急管理。

二　大部制改革：构建统筹协作的"大应急"管理体系

2003年的"非典"，促发了从中央到地方的应急管理体系的建设，深圳也是从这个时候开始建立自身的应急管理体系，当时的机构设置为"市处置突发事件委员会"。后来，深圳作为国家试点城市，本着"谁主管、谁负责"的原则，对自身的应急管理体系进行了全面改造。将原有的"市处置突发事件委员会"更名为"市突发

---

① 劳事查：《深圳清水河"8·5"爆炸事故调查》，《劳动保护》2015年第9期。

事件应急委员会"，由市政府主要同志任主任并统筹协调、指挥处置突发事件。同时，每年安排专项资金 1 亿元强力推进全市的应急工作。撤销市安监局，将原安监局内有关安全检查、监测预警、综合预案等方面的职能并入了新成立的深圳市政府应急管理办公室，另一部分关于危险化学品安全生产监管和企业安全生产监管的职能并入了"科工贸信委"。同时，市政府在原应急办的基础上，整合气象局、地震局、安监局、疾控中心、防汛抗旱指挥部等职能部门成立应急管理局，自此，形成了以统筹协作的"大应急"管理体系。[①] 2009—2015 年，深圳将应急管理工作摆在了打造深圳质量、深圳标准的突出位置。

大部制改革的思路是先进的，其希望通过机构的改革、合并，破除部门之间的信息孤岛问题，加强部门协同与联动，并真正落实"谁主管、谁负责"的安全监管体系。大部制改革后，深圳在应急管理建设方面，主要成果有以下几点：第一，深圳在全国率先整合了应急救援、防震减灾、安全生产等系列职能，并组建了市突发事件应急委员会的日常办事机构。第二，秉承预防原则，立足长远，不断将城市风险的把控前移。深圳在这个阶段开展了全市的公共安全评估，对全市的安全漏洞进行摸底排查。同时值得指出的是，深圳于 2013 年颁布了全国第一个《公共安全白皮书》。在制度建设方面，这个阶段深圳制定实施了 120 多件与灾害防治、安全管理相关的地方性法规、规章，并完善了深圳应急预案体系、应急处置体系和应急救援队伍的专业化建设，提升了应急管理智能化、现代化的水平。[②]

三　光明滑坡事件和新一轮大部制改革：深圳应急管理体系的全面升级

深圳光明新区在 2015 年底发生了特别重大滑坡事件。这场滑坡

---

① 童星：《中国应急管理的演化历程与当前趋势》，《公共管理与政策评论》2018 年第 6 期。

② 许勤：《坚持深圳质量深圳标准，争当全国应急管理工作排头兵》，《中国应急管理》2014 年第 10 期。

事件的损失惨重，直接导致了 77 人死亡、33 栋建筑物损毁，涉及员工人数 4630 人，影响巨大。光明滑坡事件的影响重大，深圳市政府在滑坡事件后重新独立设置安全监管局，同 2009 年以前的安监局相比，2016 年设立的安监局在职能上增加了"作业场所职业卫生监管"的职责。

除了重新设立安监局，深圳自 2016 年以来还进行了一系列的机制体制改革，出台了一系列的规章制度，以强化城市应急管理。深圳于 2016 年设立了城市公共安全技术研究院，为深圳的城市应急管理提供智库支持。同时，深圳每年开展了系列专项整治行动，对余泥渣土受纳场、生活垃圾填埋场、危险边坡和地质灾害等领域进行专项整治。在规章制度的建设方面，深圳出台了一系列制度，力图优化和完善安全生产监管体系，如《关于完善安全生产"党政同责、一岗双责、失职追责"责任体系的通知》（深办发〔2016〕11号）、《关于印发〈深圳市党政部门安全管理工作职责规定〉的通知》（深办〔2016〕18 号）、《关于进一步完善安全生产责任体系和深化月度形势分析会议制度的通知》（深安办〔2016〕141 号）、《关于印发深圳市公共安全事故灾难类安全风险评估工作方案的通知》（深安监管〔2016〕146 号）等，2018 年又出台了《深圳市安全生产约谈制度》。除了出台规范制度，深圳还通过机制体制改革、设立专项资金、技术赋能等方式，优化应急管理方式。

2018 年 4 月 16 日，国家成立了应急管理部，其建设的思路仍然是上一轮机构改革的建设思路，即本着"谁主管、谁负责"的原则，对突发公共事件进行全过程管理。深圳按照国家应急管理部的职能对应建立了深圳市应急管理局，负责统筹指导全市各区各部门应对安全生产类、自然灾害类等突发事件和综合防灾减灾救灾工作。

第三节　深圳应急管理的模式演变与机制构成

"十三五"时期，深圳全市生产安全事故死亡人数累计下降了

32.99%，是 1990 年以来首个重特大事故为零的五年规划期。2019
年、2020 年深圳道路交通、工矿商贸和火灾等各类事故起数、死亡
人数、受伤人数同比实现了"三下降"。在自然灾害应对方面，面
对台风、汛期、旱情等，2020 年来未出现重大灾情和人员伤亡。①
改革开放 40 多年，深圳市在应急管理方面逐步建立起包括事前预
防、事中治理、事后应急和相关的支持性机制的一整套城市公共安
全体系，涵盖了自然灾害应急管理、生产安全管理、社会矛盾处
理、公共安全基础完善、城市公共安全评估等各个方面。

**一　深圳市安全监管的模式转变：从"行政管制"到"多元共
治"**

　　"十二五"时期以前，深圳市的城市应急管理的主要思路还是
依靠行政管制的方式。一方面，是通过"目标设定 + 绩效考核"的
方式自上而下实现安全生产的政策目标。比如，在政府安全监管的
责任落实方面，其采取"条块结合"的方式，层层签订安全生产责
任书，确保广东省下发的安全生产指标落实到基层，同时将指标完
成情况纳入市政府绩效评估范围。另一方面，通过"专项行动"等
运动式执法方式，严厉打击非法违法生产经营以保障城市安全。如
"打非禁违""扫黄打非""禁摩限电"等专项行动，都是通过运动
式执法的方式在短时间内排查安全隐患、整治违法行为。

　　虽然在"十二五"时期之前，深圳市在应急管理方面取得了巨
大的进步，逐步设立起应急管理体系，但是其基本思路是整合行政
资源，通过更多元、更充分的行政管制手段，强化安全执法监督、
落实安全生产责任。而在这个阶段，深圳市对于城市治理的市场、
社会等治理工具的探索，基本止步于"安全宣传"等方面。"十二
五"时期后，随着"社会治理创新"理念的不断深入，深圳市也在
积极探索城市应急管理方面的多元参与。在 2017 年新颁发的《关
于推进安全生产领域改革发展的实施意见》（深发〔2017〕25 号）
中，明确指出："综合采取法律、经济、技术、市场、行政等手段，

---

　　① 戴晓蓉：《坚持党建引领打造新时代深圳"应急先锋"》，《深圳特区报》2021
年 7 月 1 日第 A24 版。

激发全社会参与安全生产管理的内在动力,动员各方面力量实施社会共治,提升安全生产现代化能力。"

（一）逐步发挥市场机制推动城市应急管理

在城市应急管理的市场机制的探索方面,深圳走在全国前列。"巨灾保险制度"的试点是深圳通过市场手段开展城市应急管理的一次有益探索。本着"政府主导、社会参与"的思路,深圳各相关部门组建了"巨灾保险工作组"进行统筹协调。巨灾保险制度的实质,是以市场为手段,政府通过向保险公司购买公共服务,分摊风险,共同应对大型灾害。这种政府与市场的合作模式,在国内是首次,标志着中国对巨灾风险管理从事后融资向事前风险管理策略的转变,也是深圳在社会治理创新、城市公共安全风险管理、城市治理能力现代化提升方面的里程碑。2021年,深圳市应急管理局印发《深圳市巨灾保险灾害救助工作规程》,确保巨灾保险救助规范有序实施,切实保障受灾人员及时得到救助。同时,深圳建立了安全生产责任保险制度,实施差别费率和浮动费率等激励政策,在重点高危行业施行强制实施安全生产责任保险。同时,深圳也在积极推进安全生产诚信体系建立,逐步探索建立安全生产信用监管制度。

（二）不断健全社会化服务体系助力城市应急管理

深圳在应急管理的社会治理方面也在逐步探索,从最初的开展公共安全宣教培训,到加强信息公开建设,逐步走向了扶持社会组织发展的道路。

一方面,为了促进社会组织参与城市应急管理,深圳市逐步放宽了社会组织登记注册门槛,以及扩大了直接登记范围,有序、深化推进登记管理体制改革,为社会组织设立提供便利。[①] 另一方面,通过建立向社会组织购买服务和转移政府职能的方式,促进社会参与应急管理。根据《关于印发政府购买服务的实施意见及两个配套文件的通知》（深府办〔2014〕15号）、《深圳市承接政府职能转移和购买服务社会组织推荐目录编制管理办法》（深民规〔2016〕2号）等文件规定,深圳市民政局每年编制并发布深圳市承接政府职

① 卢文刚:《深圳市社会建设回顾及"十三五"展望》,《社会治理》2016年第2期。

能转移和购买服务社会组织推荐目录，目前共有 615 家市级社会组织编入目录，其中包括了深圳质量协会、深圳市燃气行业协会、深圳市企业联合会、深圳市安全防范行业协会等，为社会参与城市应急管理创造了良好的环境。2021 年，深圳市应急管理局出台了《深圳市支持社会应急力量参与应急工作的实施办法（试行）》，以培育和扶持更多的社会力量加入应急工作。同时，深圳还在逐步推动成立安全生产联合会，统筹规范安全生产技术服务，探索制订中小企业安全技术服务资助行动计划，推进落实注册安全工程师事务所制度等。

二　深圳应急管理事前预防类机制不断完善

（一）城市风险评估机制

本着预防为主的原则，深圳不断探索，将城市风险关口前移。深圳从 2012 年开始，便每年开展城市公共安全评估工作，对全市各类薄弱环节和风险隐患共 138 个专项展开评估。① 2013 年，深圳在全国率先发布《公共安全白皮书》和《实施方案》，形成了公共安全风险源评估报告。同时，设置了城市公共安全技术研究院，深入开展研究和风险评估。2020 年 9 月，深圳成立了第一次全国自然灾害综合风险普查领导小组，小组成员由市规划和自然资源局、应急管理局、气象局等 24 个部门组成，对全市的自然灾害隐患问题开展了排查和摸底。

（二）安全生产管理机制

安全生产是城市应急管理当中最为重要的一环，深圳的安全生产管理体系经过多年的探索实践，形成了一套包括安全管理目标考核机制、企业主体安全生产责任机制、安全宣传教育机制、信息公开机制、安全生产总体规划机制在内的一系列工作机制。同时，为了实现这些生产机制的有效运营，深圳通过"深圳标准"的建立，将标准化安全生产贯穿于生产的各个环节，并通过印发《深圳市党政领导班子和领导干部安全生产责任制考核暂行办法》等一批规范

---

① 许勤：《坚持深圳质量深圳标准，争当全国应急管理工作排头兵》，《中国应急管理》2014 年第 10 期。

性文件，落实安全生产的主体责任。

（三）安全社区建设机制

深圳作为一个移民城市，流动人口的治理一直是城市发展进程中的不稳定因素，深圳为了加强流动人口的管理，建立了隐患"户口簿"、公共场所流动人口流量监测、"楼长制"等制度，并充分发挥网格化管理的信息采集效率，切实加强特殊人群服务管理工作。[①]同时，在社区安全治理方面有诸多创新，在全市设置了市、区、街道三级安全监管机构。值得一提的是，在防震减灾社区和应急避难场所建设方面，深圳就有 23 个社区被命名为国家防震减灾示范社区。在人员配备方面，目前全市超过 2000 人的专职安全员队伍分布在 922 个社区网络当中，有效地解决了城市突出的风险隐患问题。

（四）"深圳标准"体系的建设

深圳一直是国家改革开放的排头兵和先锋力量，其经济的腾飞和跨越式发展有目共睹，从建市之初，"深圳速度"就成为深圳的一张标志性的名片。随着城市的深度发展，深圳政府也提出了新的发展理念，即以高质量的发展替代高速度的发展。2005 年深圳市政府提出了"和谐深圳、效益深圳"，要将经济增长与结构、质量和效益相统一；2010 年提出了"深圳质量"，强化了质量意识；2014年又提出了"深圳标准"，力图通过标准化的方式保障城市发展。而这一套标准体系也深深影响了深圳的应急管理体系。[②] 在应急管理方面，深圳学习借鉴德国、加拿大、日本和中国香港等国家、地区的先进经验，从应急预案、应急处置、救援队伍、技术装备等方面提升工作标准和要求。在安全生产方面，编制修订《建筑电气防火检测技术规范》等安全生产地方性标准 9 部，不断将安全生产标准化建设与安全风险辨识、评估、管控以及隐患排查治理工作有机结合。

① 卢文刚：《深圳市社会建设回顾及"十三五"展望》，《社会治理》2016 年第 2 期。

② 路宏峰、吴泽婷：《"深圳标准"城市发展理念探究》，《中国标准化》2017 年第 5 期。

三　深圳应急管理事中治理类机制推陈出新

（一）专项整治机制

深圳每年开展城市公共安全方面的专项整治行动。2014 年为"社会矛盾化解年"，深圳深入开展"六大专项"行动，共破获刑事案件 2.2 万宗，查出"黄赌毒"治安案件 2.3 万宗，3.5 万人。① 2016 年为"城市治理管理年"，深圳在全市范围内开展生产专项整治行动。2017 年是深圳的"城市质量提升年"。为了落实广东省委、省政府有关"安全生产特别防护期"的工作要求，2017 年 3 月 1 日，深圳市"安全生产十大专项整治行动"全面启动，主要包括危险边坡和地质灾害、地面塌陷、危险化学品、道路交通、消防重点区域安全、建筑施工、老旧房屋、电气线路、粉尘涉爆有限空间和锂电池生产等重点场所、违法建筑消防和质量安全等。② 2020 年深圳启动《安全生产专项整治三年行动实施计划》，涉及危险化学品、消防安全、道路运输、交通运输等九大高危领域。

（二）安全生产约谈制度

2013 年，深圳市出台了《深圳市安全生产诚勉约谈制度》（深安办〔2013〕2 号），以加强对各部门、各单位安全生产工作的督导作用。经过将近五年的制度运行，为了进一步加强对安全生产的监管，2018 年深圳出台了《深圳市安全生产约谈制度》，约谈具体指的是市安委会对未正确履行安全生产工作职责的各区委政府、市政府有关部门的主要负责人、分管负责人及生产经营单位的主要负责人和分管负责人进行的警示提醒，告诫指导或督促纠正性约见谈话。安全生产约谈制度的出台，是深圳市政府在长期的应急管理实践中总结经验，将政府在工作中运用的政策工具法治化的一次有益探索。

（三）安全生产领域失信行为联合惩戒机制

为了有效落实国务院关于建立完善守信联合激励和失信联合惩

---

① 卢文刚：《超大型城市公共安全治理：实践、挑战与应对》，《中国应急管理》2015 年第 2 期。

② 戴晓蓉、沈安轩：《深圳全力推进"安全生产十大专项整治行动"》，《深圳特区报》2017 年 5 月 17 日 A8 版。

戒制度的要求，2020 年深圳市应急管理局制定出台了《深圳市对安全生产领域失信行为开展联合惩戒实施细则》，对深圳境内从事生产经营活动的单位，在安全生产领域的失信行为试行联合惩戒，目的是督促生产经营单位严格履行安全生产主体责任、依法依规诚信开展生产经营活动。

四　深圳应急管理事后应急类机制不断深化

（一）应急救援管理机制

在应急救援管理体系方面，深圳建立了"横向到边、纵向到底"的应急预案体系，建立了安全生产应急装备物资储备保障制度和资源信息库，建立了应急救援演练制度，完善了风险监测预警制度，并正逐步探索救援队伍社会化服务补偿机制，市、区、街道三级安全生产应急救援指挥平台等先进的应急救援管理机制。

（二）责任追究机制

深圳实行了党政领导干部任期安全生产责任制，建立了安全生产权责清单和年度监督检查计划制度，制定了企业生产经营全过程安全责任追溯制度，并严格执行事故直报制度。同时，深圳也在逐步探索对被追究刑事责任的生产经营者，依法实施相应的职业禁入制度等责任追究机制。

（三）事故调查处理机制

在事故调查和处置方面，深圳建立了生产安全事故调查组组长负责制。对于典型事故，设置了提级调查和挂牌督办制度，并通过建立科技支撑体系，助力事故调查分析。

五　深圳应急管理支持性机制不断创新

（一）资金保障机制

城市应急管理需要稳定的、强大的资金来源。在这方面，深圳政府开拓思路，多方探索，建立了专项资金予以支持，同时通过市场化运作的保险机制以保障应急管理的资金。

在专项资金方面，深圳一直设立了专项资金保证城市的应急管理。据相关数据显示，"十二五"时期，深圳市、区两级年度安全生产专项经费规模达 2.1 亿元，并于 2016 年新设立了 150 亿元作为城市公共安全专项资金，全面提升城市公共安全的保障能力。同时，2016 年国家安监局制定了《安全生产预防及应急专项资金管理办法》，相应地，深圳市也建立了针对安全生产预防与应急的专项资金，以支持城市重大隐患政治、安全生产"一张图"建设、应急救援队伍的建设等。

在保险保障机制方面，自 2012 年起，深圳就一直在积极推进"巨灾保险"制度。2014 年，深圳市民政局与人保财险签署了《深圳市巨灾救助保险协议书》，由市政府出资 3600 万元向商业保险公司购买巨灾保险服务，自此，此项保险制度正式进入实践阶段。经过三年的试点，巨灾保险制度也在不断完善顶层设计。此项制度，大大增强了深圳政府应对巨灾的能力，也是深圳创新社会治理体系的一次有益探索。

（二）智库支持机制

2015 年"12·20"光明滑坡事件后，深圳市政府痛定思痛，在 2016 年成立了城市公共安全技术研究院（以下简称研究院），以聚集国内外有关公共安全领域的顶尖人才，专项研究城市公共安全领域课题，为深圳的公共安全的评估、监测、预警以及应急救援的技术服务和保障工作提供智库支持。研究院为国有独资公益类企业，业务对口市安监局，目前入库专家已有 200 多人。[①] 2019 年，深圳市应急管理局印发《深圳市应急管理专家库及入库专家管理服务暂行办法》，设置了包括 5 个专业领域、27 个专业组别的专家库。

（三）安全宣教机制

城市公共安全的守护，同时也需要每一个公众具有相应的公共安全理念。在这个方面，深圳建立了几十个安全实景模拟教育基地，免费向社会开放，并免费发放《公众应急常识》400 多万册。在安全宣讲方面，深圳深入组织开展"安全生产月""消防宣传日""百人百场"等安全知识宣讲活动。仅 2016 年，就在 671 所中小学开展"食品安全大课堂"活动，普及食品安全知识，并开办"安全

---

① 相关数据资料来源于深圳市城市公共安全技术研究院官网，http://www.szsti.org/，2020 年 4 月 4 日。

大讲堂"和"农民工夜校"等活动,参加人员达万余次。深圳南山安全教育体验馆 2019 年被司法部、全国普法办命名为"全国法治宣传教育基地",这是全国应急管理系统第一家"全国法制宣传教育基地"。2020 年底,深圳出台《深圳市安全教育基地评定指引》,以进一步支持和引导安全教育基地的专业化、规范化发展。同时,深圳借力大数据等先进技术,依托移动互联网,微信微博抖音等社交媒体平台,打造了"学习强安"App 平台,以及"城市安全哨""读特·应急频道""网易应急 360""应急侠"等一系列安全应急宣传品牌。

六　深圳应急管理技术支撑机制逐步完善

大数据时代的城市应急管理,与物联网、云计算等先进的技术密不可分。传统的安全监督检查,无论是联合检查、专项检查、重点检查还是抽查,都是依靠执法人员亲力亲为,而大数据时代的安全监管,可通过智慧安监系统的建立,在线实时获得信息,大大提高了风险预判的准确性和工作的效率,降低了执法成本,提高了执法的可操作性和准确性。在智慧应急的建设方面,2018 年深圳市成立应急管理局,全面实施"科技强安"的战略,推动"一库三中心"的信息化建设。"一库"具体指的是应急管理大数据库的建立,该数据库融汇了深圳 15 个重点行业领域的信息数据,实现了重点领域的监管。"三中心"包括了监测预警中心、宣传教育中心和应急指挥中心。①

第四节　大数据时代城市应急管理体系的重构

上海、北京、广州、深圳这些特大型城市,在科技、人口、经济和社会发展都十分迅猛的今天,所面临的公共风险和威胁是面貌

---

① 深圳市应急管理局官网:《深圳全面推进应急管理体系与能力现代化建设》,http: //yjgl. sz. gov. cn/zwgk/xxgkml/qt/yjyw/content/post_8531592. html,2021 年 10 月 20 日。

多样的，有传统的公共风险，如突发性公共卫生事件、安全生产、自然灾害等；也有非传统的公共风险，如网络舆论的井喷、网络公共安全等。同时，这些城市还面临着在公共安全治理体系上的困境，比如执法力量的不足、部门之间整体联动的不足、安全生产的企业主体责任缺位，等等。

城市公共安全是一个城市走向可持续发展的基石，也是城市走向繁荣的最基本的条件之一。在大数据时代，城市面临着技术时代带来的新问题，同时，技术又赋予了城市管理者新的能力去应对这些问题。怎样通过技术赋能，从战略高度，对城市应急管理体系进行优化的完善，是值得探讨的话题。本部分所探讨的不仅是当前各城市应急管理部门的应急职责的重构，而是基于整个城市公共安全基础上所探讨的发展规划和职能构建。

一　建立城市安全战略，推进重大决策终身问责制

随着大数据时代的到来，深圳等特大型城市将面临许多"无法预期"的公共安全风险，很多风险类型可能是当下的我们无法获知的。二十年前，我们无法想象电信和网络诈骗会成为诈骗的最主要的形式；我们无法想象对胎儿的基因编辑可能走向现实，并实际产生了巨大的社会影响；我们无法想象网络舆论掀起的巨大浪潮可以实实在在影响政府决策；我们也无法想象一个"直播"平台的粉丝可以有成百上千万人，其不当的言论会带来的巨大风波。正因为新的技术发展对社会的生产、生活和运行方式产生了根本性的变革，城市所面临的公共风险类型变得更多样、更不确定，因此，以发展的眼光对城市公共安全体系进行顶层建构显得更为重要。

（一）基于城市可持续发展制定公共安全发展战略

这种顶层建构，并不是强调基于应急管理工作本身展开的顶层建构，而是强调基于整个城市未来发展的顶层建构。重中之重，是在土地资源的使用和分配方面。国内的大城市大都面临着土地资源紧张的问题，特别是像上海、深圳这样的超大型城市，人口的不断流入让城市的土地资源显得格外稀缺，那么不适当的土地资源开发就可能对城市整体的可持续发展造成致命的威胁。但是自 1994 年

分税制改革后，很多地方政府走"土地财政"路线，巨大经济利益的驱动和资本的俘获，使得城市的土地资源分配并不是从城市的长远发展进行考量，这也侧面导致了城市生态空间的不断减少，而这种生态空间的减少，又会在未来对城市造成影响。比如东南沿海城市的红树林带，在大规模的填海工程当中被损毁，但这些红树林带是抵御台风海啸和风暴潮的利器，对红树林的砍伐，侧面减弱了城市应对气候变化极端气候的能力。比如城市内部公共绿地的减少，让城市的蓄水能力变弱，也让城市内部的小生态系统的气候调节功能减弱，一场大暴雨或者一场热浪，就可能会让城市陷入瘫痪。同时，城市生态空间的不断减少，对生物多样性也造成了威胁，而城市的不断扩张也在进一步挤压野生动物的生存空间，那么也加大了野生动物身上携带病毒向人类传播的风险。因此，进行城市规划，摆在首要位置的便是土地资源开发问题，应将城市未来在面对公共安全、生态安全的考量纳入城市的土地资源开发当中。

在制定城市公共安全发展战略方面，应将城市的常规发展状态和非常规发展状态均纳入规划考量，将公共安全问题纳入城市经济和社会发展的总体规划。比如，城市决定进一步淘汰落后产能产业，优化产业布局，就可以从根源上解决由于低端制造业生产运转造成的事故隐患；比如城市着力发展高新科技产业，那么城市所面临的制造业安全生产的风险就相对较少；比如城市着力发展新材料、新工艺，那么城市基础设施建设可能就会更稳固。

（二）构建城市公共安全风险管理指标体系

政府的运行逻辑依然逃离不开目标考核制。前瞻性、系统性、标准化的公共安全风险管理指标体系，意味着更为科学化的公共安全标准的制定。比如，随着城市的不断扩张，其水、电、排污的生命线网络也越来越庞大，怎样优化这些基础设施，让生命线体系不再高负荷运转，是这些公共安全标准需要考量的。目前城市的公共安全管理体系，虽然有着看似完善的脉络，但是具体的执行和运转，依然是依靠具体的人。标准化的指标体系，可以让城市的管理者有章可循，也可以提升城市的运转效率。

（三）推进重大决策终身问责制

1994 年分税制改革后，地方政府对经济发展的动力被完全激活，在此后的几十年间，中国地方经济一直在高速发展。但是在高速的经济发展过程当中，由于制度设计的相对滞后，导致了权力寻租的空间变大。特别是在官僚体系内部，官员隔几年就会调配到新的部门或者地区就职，也就更难对当年做出的重大决策负责。但是城市的可持续发展与这些重大决策息息相关，因此，应将重大决策终身问责制引入与产业布局、土地利用、生态保护相关的发展规划决策当中，促使政府对这些重大决策采取更为审慎的态度。

二　借力科技，走向智能化、规范化的公共安全监管

近年来在产业领域出现了阿里城市大脑、华为的城市神经网络、腾讯的城市超级大脑、科大讯飞的城市超脑。这些技术公司的概念提出，均是希望利用先进技术，为城市提供更优化的治理技术方案。在应急管理方面，应急管理部与阿里巴巴集团签署了战略合作协议，共同推进新机管理信息化建设。深圳作为科创中心，在智慧城市建设方面走在全国前列，也已经建立了基础的"一库三中心"智慧应急管理体系，对其他城市而言，可以深圳为借鉴，开展以下领域的探索。

（一）加强公共安全技术领域人才培养，鼓励技术创新

大数据时代的技术赋能，在很大程度上提升和优化了城市应急管理体系，极大地提升了政府公共安全的治理能力。新技术所打造的智慧安监系统，通过全面感知、智慧分析、智能处理等方式，可系统排查和预测城市公共安全风险，把相关损失降到最低。[1] 但是目前我国有关大数据、物联网、区块链这些产业的发展仍在技术和产品的导入期，相关领域的专业技术人员还存在着较大的缺口。很多城市通过人才吸引计划对该类人才展开了激烈的竞争。因此，需要加大对公共安全技术领域的专业人才培养。

（二）加强城市公共安全技术领域的产业扶植与产学研结合

目前我国在公共安全技术产业领域的发展刚起步，整个产业在市场开拓、商业模式、标准化发展领域还有不少障碍。政府应加强

---

① 　吴曼青：《物联网与公共安全》，电子工业出版社 2012 年版，第 8 页。

对该领域的产业扶植，在土地、财税方面给予一定的优惠，以推进产业链的专业化分工和产业发展。① 同时，可以考虑转变城市应急管理所需物资的储备方式，探索救灾物资的企业代储、军民联储等多元化储备模式。②

　　同时，应加强对公共安全技术领域的成果转化应用。物联网、区块链、云计算等技术在高校科研领域也是热点，但是相关成果和市场并没有完全接轨，成果从科研转向市场的路径受阻。而市场上的中小企业，在这些高科技领域的研发能力又有限。政府应该创建更多优势平台，推动产学研结合，提高社会研发和生产效率。

三　机制体制改革，破处信息孤岛，完善部门联动机制

（一）推动机构深化改革，优化"大应急"体系的实践效果

　　在上一轮国家机构改革当中，国家层面成立了应急管理部，将分散在各部门有关生产安全、应急救灾方面的职能统归到了应急管理部；而公共卫生等相关的职能划归给了专业管理部门，形成了更为明晰的权责分配体系。成立应急管理部的初衷，就是希望能破解应急相关的管理职能存在部门分割、部门壁垒的问题，优化联防联控和协同治理的效果。但是值得明确的是，这些原本归属于不同部门的应急管理职能长期以来划归在其他部门，通过机构改革并不能马上解决所有的职能分割问题，还需要继续开展深化改革，将各部门之间的职能进一步融合。特别是为了回应中央层面的应急管理部，各地方也开始组建应急管理局，这些机构的职能怎样与上级部门相呼应，同时又能与地方政府的职能协调和衔接的问题值得深思。另一方面需要注意的是，应急管理部门目前已有专门的管理职能，但是其与公安部门、生态环境管理部门、公共卫生等承载着其他应急管理职能的部门之间的功能怎样协调，怎样发挥出"大应急"体系的实践效果，也是一个需要长期探索的问题。

（二）建立公共安全大数据库，破解信息孤岛与部门壁垒

　　公共安全的相关数据，其中很大一部分属于政府所掌控的公共

---

① 吴曼青：《物联网与公共安全》，电子工业出版社2012年版，第56—57页。
② 郭叶波：《城市安全风险防范问题研究》，《中州学刊》2014年第6期。

数据，这其中既包括一个城市的基础自然资源数据，也包括城市人口和流动的相关数据，还包括了各类生产安全和社会安全的数据信息。目前很多城市都在构建城市的大数据中心，希望对相关数据的收集、归纳和整理，为城市提供一个更为透明、高效的城市公共安全管理平台。但是在筹建数据中心的过程当中，很多地方政府依然面临着数据散落在不同业务部门、横纵向无法打通数据共享通道的困境，行政部门之间、条块之间、不同区划之间很难形成完善的数据共享机制。这也需要政府在未来继续开展深化改革，以数据构建为中心展开对政府机构的职能流程再造。

四　培育社会组织，加大信息公开，进一步发展多元共治

（一）培育社会组织，实现应急管理的多元共治

很多城市在构建应急管理和公共安全治理体系的过程中，还是以全能型政府的思路展开规划，但是在大规模的突发事件爆发的过程中，完全依托政府的力量是不够的。以上海在 2022 年初暴发的新冠肺炎疫情为例，当一个超大城市遭遇公共卫生突发事件时，完全依靠政府为公众提供物资是非常困难的。实际上在这一场防疫过程当中，公众的自救和自组织成为居民得以生存的关键因素。政府应该打开思路，以社会可自运行、自抢救的思路，将社会力量纳入应急管理和公共安全治理体系当中。

从这个思路出发，政府应该深化推进社会组织的登记管理体制改革，降低对应急管理相关的专业型社会组织的注册门槛，将更多有资质、专业型的应急管理组织纳入城市的应急管理队伍当中来。同时，政府应该通过政策激励，比如财税的补贴和支持，吸引和激励更多的企业和组织进入应急管理行业，并通过政策倾斜，培育一批与应急管理相关的专业服务机构，以承接如安全咨询、安全培训、安全监测类的服务职能。在引导、培育和发展应急管理相关产业的同时，应在政府的引导下，推动成立安全生产联合会和相关的公共安全领域行业联合会，通过行业协会的力量推动中小企业的安全技术服务资助行动计划、统筹规范安全生产技术服务、落实注册安全工程师事务所制度等。

（二）加大信息公开力度，提升政府公信力

在大数据时代，政府的公共信息和数据的透明公开和共享就显得格外重要。由于公众获取数据和资讯的方式更为多样，如果政府的官方信息不公开，那就给"谣言"留下了传播的空间，反而会降低政府的公信力。很多城市都曾发生过由于信息不对称所引发的群体性事件。因此，政府应更为高效、迅捷地公布对突发事件的讯息，简化信息披露的审批程序，避免社会恐慌。

五　加大公共安全的文化治理，优化城市建设的法治环境

（一）加强公众的城市认同感和幸福感，优化社区共建城市路径

目前我国的超大型城市、大城市的发展，都面临着流动人口激增的社会不稳定因素。以深圳为例，超过 2000 万的管理人口当中，只有不到 1/4 的户籍人口。让这些流动人口对这个城市有认同感，愿意作为城市的一分子积极参与城市建设，对实现城市的安全、稳定和可持续发展具有重要的意义。网格员的管理制度，依然是从管理者的角度出发，将城市居民管起来。而在这里，我们讲的是从文化建设的角度，让这些居民产生自我的认同。因此，应该建设更多的公共基础设施、文化中心，给城市居民提供更多的公共活动空间，并通过社会组织的建构链接到公众，让城市在文化上的联系更紧密。

（二）加强城市文化建设，建立互信、互助社会

随着社会经济的快速发展，个人功利主义也在不断蔓延，消费主义、拜金主义也在不断冲击着每个人的内心，这会导致城市里的一些人存在道德示范、信念危机、信仰迷惑、心理失衡等极端现象。[1] 比如"仇富"心理，就是当下社会所面临的较为严峻的社会问题之一。怎样将社会主义的核心价值理念根植于公众内心，重建其信仰和价值，建立一个互信、互助的社会，也值得城市文化建设的工作者深入研究。

---

① 严励：《城市公共安全的非传统影响因素研究》，法律出版社 2015 年版，第 154—155 页。

本章小结

城市的应急管理,是城市实现可持续发展的最根本、最基石的一环。一个城市只有是稳定和安全的,在此基础上构建的一切才稳固和可期。随着我国城镇化进程的快速推进,甚至出现了多个人口超过 2000 万的超大型城市。这些城市的公共安全有着隐藏性、突发性、复杂性和脆弱性等特点,不仅面临着传统与非传统的公共风险威胁,在城市治理体系完善上也存在诸多困境,使得城市公共安全方面仍然面临较高的风险。特别是随着气候变化、城市热岛效应等生态环境的影响,很多城市所遭遇的自然灾害、极端气候也在与日俱增。但在实践中,很多城市均面临着公共安全的治理瓶颈,由于城市的超常规发展,城市超前的规划缺乏,使得城市的风险应对能力有限,部门的条块分割导致安全治理的整体联动不足。同时,还有城市监督执法力量不足、公共安全制度落地难、企业主体责任缺位、社会共治尚未形成多方合力等各类制约因素。

本章以深圳为蓝本,梳理了其改革开放 40 多年在应急管理领域的成效,总结了深圳在应急管理方面的做法,并提出建立应急管理总体战略,推进重大决策终身问责制,推动城市可持续发展;借力科技,走向智能化、规范化的公共安全监管;机制体制改革,破处信息孤岛,完善部门联动机制;培育社会组织,加大信息公开,进一步发展多元共治;加大公共安全的文化治理,增强城市居民的幸福感、认同感和获得感,实现城市文化的稳定性。值得一提的是,大数据时代的先进技术,对提升政府应急和公共安全治理的能力,有着非常关键的作用。但是这些技术的深度应用,还需要政府深化机制体制改革,打破信息孤岛的部门壁垒,以实现"大应急"格局的真正实现。

第十章 环境治理现代化与可持续 发展的指标体系建立

——以深圳 GEP 核算制度为例

1992 年，在里约热内卢召开了联合国环境与发展大会，大会的巨大意义是将可持续发展的理念正式提出。大会通过了《21 世纪议程》《里约宣言》等一系列重要文件，也重申了人类应与自然和谐相处和可持续发展的新的发展战略和发展观。

自 20 世纪 50 年代以来，国际上一直以国内生产总值作为主要发展指标。但是 GDP 并没有深入探讨社会、经济和环境可持续发展之间的关系。1992 年通过的《21 世纪议程》中提出了各个国家需要将环境纳入经济发展的核算体系当中。在此大背景下，国际上多年来在探索各类新型指标，以期望综合评价人类发展。

环境治理现代化的终极价值目标是实现可持续发展，我国也一直在可持续发展的评价指标和城市发展指标上积极探索，希望通过相对客观、明确的指标体系建立，对城市的可持续发展做出正向的引导。随着"生态文明""五位一体""绿色发展"等理念的提出，中央逐步建立起一套明确的环境目标责任体系和环境官员考核体系，使得官员的环境考核有指标可行，从"软指标"逐步转变成了"硬指标"，而与此同时，一套更具有科学性的可持续发展指标体系——"GEP"核算体系正在试点和建立完善。

第一节　环境治理现代化与可持续发展指标体系建立

一　环境哲学发展的历史谱系与环境治理理念的转变

（一）西方环境伦理发展的历史谱系：从人类中心主义到非人类中心主义

工业革命对人类社会的发展产生了颠覆性的影响，从第一次工业革命到目前正在展开的第四次工业革命，一次一次地改变着人类社会经济生活中的劳动力组织方式、产品的生产模式、社会的交往模式等，一步一步地改变着人类文明的进程。在第一次工业革命时期，资本主义浪潮带动下的技术发展，让人类体验到了前所未有的能量，人类对自我能力的肯定和信奉达到了巅峰。到了20世纪上半叶，各类公害事件频发，工业污染的广泛性问题引发了全人类的反思。人类开始反思人和自然的关系，但是此时，即使作为环保主义者，"人类中心主义"也无可置疑地被摆在了核心的位置。人类中心主义的核心思想是人类至上，环境保护的根本性价值目标是人类的幸福，较为重要的著作是戴夫·佛曼的《一个环境战士的自白》（Confessions of An Eco-Warrior），但后来，随着环境哲学伦理的不断深入发展，人类中心主义受到了深层生态学者们的抨击。从20世纪中叶开始，人们开始深度反思人与自然的关系。环境哲学在这个时期蓬勃发展。《寂静的春天》《增长的极限》《人类环境宣言》《我们共同的未来》等著作和宣言在这个时期涌现。生态女性主义、代际正义理论、可持续发展理论开始轮番登场，人类逐步从科技崇拜走向价值理性的回归。① 1973年，澳大利亚的哲学家鲁特莱发表论文《是否需要建立一种新的伦理或一种环境伦理》，对传统的"人类中心主义"的伦理观提出了质疑，试图扩展人类道德共同体，可

---

① 环境哲学是一种探讨人类与环境之间关系的哲学领域，与西方的环境运动一起蓬勃发展，根据其思想逻辑和价值取向，当代西方的生态环境哲学可以分为深层生态学、社会生态学、生态女性主义等理论分支。

视为环境哲学世界对传统环境伦理观的一次转向。1986 年，《哲学走向荒野》一书出版，其对生态整体主义进行了论证，对生态本身的价值给予了肯定。这时期重要的专著还有泰勒的《尊重自然》、诺顿的《为何要保存自然的多样性?》、萨果夫的《地球的经济》、哈格洛夫的《环境伦理学的基础》等。[1]

虽然生态自然作为地球的一部分，是否具有独立于人类的价值存在，这样的议题仍然在理论中被探讨，但是也挡不住"人类中心主义"走向"非人类中心主义"的历史浪潮。在实践中，对生物多样性的保护、生态补偿制度的建设，无不都是来自于对生态独立价值的肯定。本章所要详述的 GEP 核算制度，也是在这股浪潮之下所建立的对生态服务系统价值进行肯定的一种核算制度。

（二）中国环境治理理念的转变：从唯 GDP 是瞻到生态文明建设的战略发展

我国的环保事业起步于 20 世纪 70 年代。1972 年，中国派代表团出席了联合国人类环境大会，并在 1979 年颁布了第一部《环境保护法（试行）》。到了 80 年代，我们将"经济建设、城乡建设和环境建设要同步规划、同步实施、同步发展，做到经济效益、社会效益、环境效益相统一"作为指导方针。1992 年提出《环境与发展十大对策》，第一次明确提出了转变传统发展模式，走可持续发展道路，随后又制定了《中国 21 世纪议程》《中国环境保护行动计划》等纲领性文件。但作为发展中国家，经济发展和环境保护两者之间孰轻孰重，是否是对立关系，一直也是理论界和实务界争论的热点。比如在环境立法目的的探讨中，"一元论"即环境立法就是保护环境和人类健康；"二元论"即主张环境法立法的目的不仅是保护环境还是要促进经济发展，这两种声音一直在理论界此起彼伏。

虽然国家一直重视环境保护，将其列为基本国策，但是在实践中的效果不佳。地方官员的单一的政绩考核体系，使得 GDP 和经济发展成为地方的发展动力，牺牲环境以获取经济利益，降低环境标准以获得地方投资，轻视环境影响评价，相关制度形同虚设等成为很长

---

[1] 周国文：《从生态文化的视域回顾环境哲学的历史脉络》，《自然辩证法通讯》2018 年第 9 期。

时间内地方对于环境治理的态度。近十几年，随着国家的快速经济发展和人们对环境意识的提升，环境保护相较于经济发展，其权重越来越大。特别是自党的十八大以来，国家投入了大量的人力、物力进行环境整治，将生态文明建设推到国家战略的高度上。"生态文明建设"在 2012 年写入了党的十八大报告，纳入了全面落实经济建设、政治建设、文化建设、社会建设、生态文明建设五位一体的总体布局。在党的十九大上，首次将"树立和践行绿水青山就是金山银山的理念"写入了中国共产党的党代会报告，要将生态文明建设融入经济、政治、文化和社会建设的全过程，自此，我国的环境治理进入了一个新的时代。怎样探索更可持续的经济发展模式，将生态服务系统的价值纳入经济发展的质量考核体系当中，建立可持续发展的指标体系，成为我们探寻的新话题。

二　政治激励、经济发展与环境治理

官员的环境考核体系的建立和完善对促进地方政府从以"经济发展为核心"的发展模式转变成可持续发展模式起到了非常重要的作用。实际上，官员考核体系所产生的政治激励作用，在引导地方政府行为上一向起着至关重要的作用。因此，将 GEP 纳入政府的政绩考核指标，也是转变政府决策背后逻辑的重要路径之一。（该部分在本书第六章有详述）

三　治理理念转变下的制度呈现：各类社会发展指标体系的探索

自 20 世纪 50 年代以来，国际上一直以国内生产总值（Gross Domestic Product，GDP）作为主要发展指标。但是 GDP 并没有深入探讨社会、经济和环境可持续发展之间的关系，并不能成为衡量人类发展的唯一指标。1992 年，在里约热内卢召开了联合国环境与发展大会，178 个政府投票通过了《21 世纪议程》（Agenda 21），提出各个国家需要将环境纳入经济发展的核算体系。在此大背景下，国际上多年来在探索各类新型指标，以期综合评价人类发展。

（一）人类发展指数（Human Development Index，HDI）

联合国在《1990 年人文发展报告》中提出了"人类发展指

数"，其是以社会的平均预期寿命、受教育水平、人均国民总收入等方面状况为基础，衡量各国社会经济发展程度的指标。2010 年后，新的指标加入了另外两个和生活品质相关的指标，健康和教育，构建了以寿命（long and healthy life）、教育程度（konwledge）和良好的生活水平（a decent standard of living）为三个维度的指数体系。但是该指数的二级指标很多互相依赖，且并没有纳入基尼系数、性别等因素。于是在此基础上，后来联合国又纳入了新的测算要素，发布了不平等调整后人类发展指数（Inequality-adjusted Human Development Index，IHDI）、性别发展指数（Gender Development Index，GDI）、多维贫困指数（Gender Inequality Index，GII Multidimensional Poverty Index，MPI），以构建出综合人类发展指数。但是该指标并没有将生态环境因素纳入其中。

近年来，人类发展指数也充分认识到了生态环境影响对人类社会发展的重要影响。在最新的《2020 年人类发展报告》中指出，气候变化的影响，会加剧人类发展中的不平等；而人类发展程度越高的国家，对地球施加了更大的压力，并提出"国际金融危机、气候危机、不平等危机和新冠肺炎危机都表明，系统自身的复原能力正在崩溃……进一步破坏地球系统的稳定性"，因此"在人类世界，有必要消除人类和地球之间的明显区别"。该报告根据地球压力也对人类发展指数标准进行了调整，引入了一个实验性的新视角指数，即一个包括国际二氧化碳排放量及其材料足迹的指标，形成了PHDI 指标。[1] PHDI 指标是促进人类发展同时减轻地球压力的一个指导性的指标。

（二）快乐星球指数（Happy Planet Index，HPI）

快乐星球指数是由新经济学基金会于 2006 年 7 月提出的概念，该指标体系是对 GDP 指标体系的挑战，其中重点考察了民众自身的快乐感受、预期寿命和环境可持续发展等。HPI 的指标体系里加入了人均生态足迹评估，简而言之，一个人均生态足迹大的国家意味着其资源使用份额超过了其应有的状态，因此快乐星球指数并不是

---

[1] 联合国开发计划署：《2020 年人类发展报告》，http：//hdr. undp. org/sites/default/files/hdr_2020_overview_chinese. pdf，2021 年 8 月 3 日。

判断哪个国家最幸福的标准，因为在人民普遍对生活满意度较高的国家中，很可能在 HPI 排序中从最顶端到最底端均有呈现。[①] HPI 指数实际上是对地球生态幸福指数的考量，而不是针对人的幸福指数的考量。在最新的 2016 年的快乐星球指数报告中，共有 140 个国家和地区参与指数评定，其中排名前三的是哥斯达黎加、墨西哥和哥伦比亚。

（三）环境经济核算体系（Environmental and Economic Accounting，SEEA）

1993 年，联合国编制了《1993 年国民核算手册：综合环境和经济核算》（"Handbook of National Accounting：Integrated Environmental and Economic Accounting，SEEA 1993"），提供了环境经济核算的初步框架，2000 年有所修订，2003 年，联合国又发布了《环境经济综合核算体系 2003》（"System of Environmental-Economic Accounting，SEEA 2003"），在总结经验的基础上，设定了更有指导意义的核算体系，该体系在经济发展的核算过程中，注重统计自然资源的投入和人类的生产行为对自然资源和生态系统造成的影响。后来，又颁布了《2012 环境经济核算体系中心框架》（"SEEA Central Framework"），是首个环境经济核算体系的国际统计标准。

环境经济核算体系对环境损耗做出了重要的评价，包括了经济活动在产出和最终消耗过程中自然资源的使用和损耗价值，也包括了所形成的污染对环境质量的影响价值。该指标体系形成较为完整的环境经济核算理论体系，为世界各国的环境经济核算提供了国际准则，同时推动了全球环境经济核算实践的兴起，促进了世界各国环境资源保护活动。除了 SEEA 外，国际组织也陆续推动了一系列大型的生态系统价值核算研究，其中有 2001 年联合国的千年生态系统评估（The Millennium Ecosystem Assessment，MA），[②] 2007 年欧盟的生态系统和生物多样性经济学项目（TEEB），[③] 2010 年世界银

[①] 参见快乐幸福指数官网，http：//happyplanetindex. org，2022 年 3 月 10 日。

[②] Reid，Walter V.，et al.，*Ecosystems and Human Well-being-Synthesis：A Report of the Millennium Ecosystem Assessment*，Island Press，2005.

[③] 参见 TEEB 官方网站，http：//teebweb. org，2021 年 12 月 3 日。

行的财富账户与生态系统价值核算项目（WAVES）等。[①]

相应地，在以可持续发展为目标的经济核算体系建立方面，中国虽然起步晚，但是发展迅速。2005年，原国家环境保护总局和国家统计局联合发布了《中国绿色国民经济核算研究报告2004（公众版）》，这是中国第一份经环境污染调整的GDP核算研究报告。2010年12月，环保部环境规划院公布了《中国环境经济核算研究报告2008（公众版）》，此后每年公布核算结果。此外，一些省、市、自治区的统计部门在21世纪初就已开始尝试进行环境污染、环境损失、环境保护、环境成本的核算，并发布相关成果。

四 "绿水青山就是金山银山"背景下的"GEP"制度建立

（一）GEP核算制度的概念

GEP是英文Gross Ecosystem Product的缩写，指的是生态系统生产总值，即生态系统为人类福祉和经济社会可持续发展提供的最终产品与服务价值的经济总和，包括物质产品价值、调节服务价值和文化服务价值三部分，一般以一年为核算时间单元。GEP的提出主要是与国内生产总值（即GDP）相对应，强调系统对人类经济社会发展支撑作用，以及对人类福祉的贡献[②]，以期通过新型核算体系的设置衡量生态系统对人类的贡献，成为可衡量的生态文明的指标，推动世界的可持续发展。这个概念最早是由中国学者提出，并以贵州省为例，探讨了生态系统生产总值核算的应用方法。[③] 有西方学者也提出过GEP的概念，比如Mark Eigenraam等，他们将其定义为生态系统产品与服务在生态系统之间的净流量。[④]

20世纪80年代，马世骏院士与王如松院士针对当时生态环境

---

① 於方等：《生态价值核算的国内外最新进展与展望》，《环境保护》2020年第14期。

② 欧阳志云等：《生态系统生产总值核算：概念、核算方法与案例研究》，《生态学报》2013年第21期。

③ 欧阳志云等：《生态系统生产总值核算：概念、核算方法与案例研究》，《生态学报》2013年第21期。

④ Eigenraam, Mark, Joselito Chua, and Jessica Hasker, "Land and Ecosystem Services: Measurement and Accounting in Practice", *11th Meeting of the London Group on Environmental Accounting*, *Ottawa*, *Canada*, *Retrieved February*, 2013.

问题日趋严重，在国际上首次提出了社会—经济—自然复合生态系统理论，并指出城市与区域是以人的行为为主导、自然环境为依托、资源流动为命脉、社会文化为经济的社会—经济—自然复合生态系统。[①] 20世纪90年代开始，中国学者开始尝试对生态资产价值进行估算，如欧阳志云等人对中国陆地生态系统的服务价值进行了评估，也有很多学者结合遥感等新技术，对中国陆地生态系统每年的生态资产价值进行了估算，得出的中国陆地生态系统的生态价值在4万亿—13万亿元之间。[②] 可以说，自GEP核算制度提出以后，中央和地方政府都较为重视各派的核算研究与实践应用，研究围绕全国[③]、省域[④]、市域[⑤]、县域[⑥]尺度，对不同的生态类型开展了大量的试点核算，在单个生态系统服务功能研究中，森林、草地、湿地和流域等生态系统服务功能是重点研究领域。[⑦] 但是针对目前小尺度区域（市、区、县）GEP核算还是相对较少。

（二）GEP核算制度建设的背景

党的十八大以来，国家明确要求将生态效益纳入考核指标体系。党的十八大报告指出，要把资源消耗、环境损害、生态效益纳入经济社会发展评价体系，建立体现生态文明要求的目标体系、考核办法、奖惩机制。2015年，中央审议通过了《开展领导干部自然资源

① 欧阳志云：《开创复合生态系统生态学，奠基生态文明建设——纪念著名生态学家王如松院士诞辰七十周年》，《生态学报》2017年第17期。
② 潘耀忠：《中国陆地生态系统生态资产遥感定量测量》，《中国科学（D辑）》2004年第4期；毕晓丽等：《基于IGBP土地覆盖类型的中国陆地生态系统服务功能价值评估》，《山地学报》2004年第1期；何浩等：《中国陆地生态系统服务价值测量》，《应用生态学报》2005年第6期；张锦水等：《中国陆地生态系统生态资产测量及其动态变化分析》，《应用生态学报》2007年第3期。
③ 马国霞等：《中国2015年陆地生态系统生产总值核算研究》，《中国环境科学》2017年第4期。
④ 白杨等：《云南省生态资产与生态系统生产总值核算体系研究》，《自然资源学报》2017年第7期。
⑤ 董天：《鄂尔多斯市生态资产和生态系统生产总值评估》，《生态学报》2019年第9期。
⑥ 白玛卓嘎等：《基于生态系统生产总值核算的习水县生态保护成效评估》，《生态学报》2020年第2期。
⑦ 马国霞等：《中国2015年陆地生态系统生产总值核算研究》，《中国环境科学》2017年第4期。

资产离任审计试点方案》《编制自然资源资产负债表试点方案》《生
态环境损害赔偿制度改革试点方案》对生态价值核算提出了技术要
求。而《关于设立统一规范的国家生态文明试验区的意见》《关于
健全生态保护补偿机制的意见》的出台，对生态价值核算提出了应
用需求。同时，2017 年以来，国家命名了 175 个国家生态文明建设
示范县和 52 个"绿水青山就是金山银山"实践创新基地，这些示
范县和创新基地也需要生态价值核算制度给予其标准和规范支持。
因此，以生态效益转化为核心的 GEP 核算制度成为实践和试点的
重点。

第二节　深圳 GEP 核算制度的实践与探索

　　深圳对 GEP 核算制度的试点，是从深圳盐田区开始的。从 2014
年起，盐田就提出并建立了 GDP 和 GEP 双核算双运行双提升的工
作机制，到了 2019 年，GEP 核算工作被纳入《中共中央、国务院
关于支持深圳建设中国特色社会主义先行示范区的意见》；2020 年
再次纳入《深圳建设中国特色社会主义先行示范区综合改革试点实
施方案（2020—2025 年）》，2021 年深圳建立了我国第一个 GEP 核
算制度，为推广 GEP 核算制度提供了丰富的经验。

一　深圳盐田区的 GEP 核算制度试点

　　深圳盐田区是试行 GEP 核算制度的先行区，盐田区建立城市
GEP 核算体系的初衷，是为了探索新型的生态文明评价制度，并作
为特色指标纳入政府考核当中，摒弃单纯以 GDP 为目标的单一发展
机制，实现经济与生态的双赢。2015 年，深圳市盐田区委托深圳市
环境科学研究院等研究团队对盐田区的城市 GEP 进行评估核算，结
论是盐田区城市 GEP 约 1000 亿元，是 GDP 的两倍。

　　（一）深圳盐田试点的背景

　　深圳市盐田区成立于 1998 年 3 月，位于深圳市东部，东起大鹏
湾背仔角，南靠香港新界，辖区面积为 74.99 平方千米，属于海滨

丘陵地带。盐田区拥有丰富的旅游资源，全区森林覆盖率达
65.7%，拥有中国最美八大海岸之一的 19.5 千米海岸线，每年为
近 2000 万人次游客提供免费工艺沙滩和观光休闲场所。高品质的
生态环境成为盐田的核心竞争力。因此从建区以来，盐田区的历届
区委、区政府牢固树立"绿水青山就是金山银山"的发展理念，坚
持生态优先，始终将生态文明建设作为全区工作主轴。

（二）深圳盐田 GEP 试点的历程与成效

深圳盐田 GEP 工作的展开要追溯到 2013 年，其在《盐田区生
态文明建设中长期规划》中便明确提出建立城市 GEP 核算机制，并
将其作为特色指标纳入生态文明建设指标体系和生态文明建设考核
内容。2015 年，盐田区将"实行 GDP 和城市 GEP 双核算、双运行、
双提升"工作机制纳入 2015 年重点改革计划。2017 年，盐田区将
"城市 GEP"纳入区生态文明建设考核平台，计入 10 个区直单位和
4 个街道办单位绩效和干部勤政考核的目标责任考核，并列入《深
圳市盐田区国民经济和社会发展第十三个五年规划纲要》。2017 年
盐田区城市 GEP 核算结果为 1096 亿元，比 2013 年增长了约 60 亿
元，年均增长幅度约为 1.45%（详见图 10 - 1、图 10 - 2、
表 10 - 1）。2018 年，盐田区召开区委常委（扩大）会议，"研究
推广盐田区 GEP 核算机制"被写入市委六届十次全会报告，盐田区
GEP 核算机制将在全市推广。

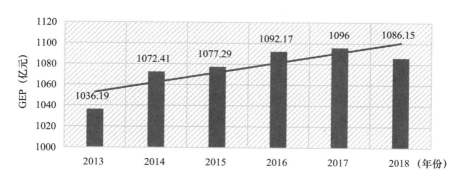

图 10 - 1　2013—2018 年深圳盐田 GEP 总值（预估值）变化

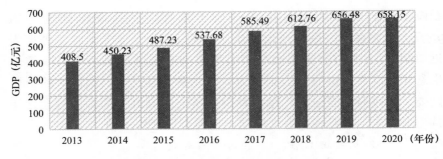

图 10 - 2　深圳盐田区 GDP 变化

表 10 - 1　　　　　　2013—2018 年深圳盐田区 GDP 与 GEP
数据对比　　　　　　　　（单位：亿元）

年份	GDP	GEP
2013	408.50	1036.19
2014	450.23	1072.41
2015	487.23	1077.29
2016	537.68	1092.17
2017	585.49	1096.00
2018	612.76	1086.15

　　深圳盐田区所构建的 GEP 核算体系，在具体建立和发展的过程中，不断得到优化和完善。盐田区不仅在不断改进指标体系的算法和标准，还构建了相关的核算平台和技术规范。2017 年盐田区城市 GEP 核算结果为 1096 亿元，比 2013 年增长了约 60 亿元，年均增长幅度约为 1.45%。盐田区的 GEP 创新改革，曾荣获第八届"中国政府创新最佳实践奖"，被列入国家发改委生态文明先行示范区的制度创新重点。

二　深圳市"1 + 3"GEP 核算制度的具体内容

（一）GEP 核算制度内容框架

　　2019 年 8 月，《中共中央、国务院关于支持深圳建设中国特色社会主义先行示范区的意见》明确要求"探索实施生态系统服务价值核算制度"，《深圳建设中国特色社会主义先行示范区综合改革试点实施方案（2020—2025年）》进一步要求"扩大生态系统服务价值核算范围"。基于前期的盐田经验，深圳决定在全市推广GEP核算制度。从2018年以来，欧阳志云研究组先后为深圳核算了2021年、2016—2019年的GEP，编制我国第一个面向高度城市化地区的GEP核算规范，编制我国第一个GEP核算统计报表制度，开发我国第一个GEP在线自动计算平台，这为深圳建立GEP核算机制，开展GEP常态化核算，建立了制度和软硬件基础。深圳市建立了GEP核算的"1+3"制度体系，具体包括一个GEP核算实施方案、一个GEP核算地方标准、一套GEP核算统计报表和一个GEP自动核算平台，详见下表。①

表10-2　　深圳市GEP核算"1+3"制度体系具体内容

	核算制度体系	具体核算制度	核算制度关键内容
深圳市GEP核算"1+3"制度体系	GEP核算实施方案	《深圳市GEP核算实施方案（试行）》	规范了核算流程，确定每年核算结果于次年7月底前正式发布
	GEP核算的地方标准	《深圳市GEP核算技术规范》	确立了GEP核算两级指标体系，以及每项指标的技术参数和核算方法，与联合国统计局的生态系统核算技术指南和国家GEP核算标准相互衔接
	GEP核算统计报表	《深圳市GEP核算统计报表制度（2019年度）》	一套将200余项核算数据分解为生态系统监测、环境与气象监测、社会经济活动与定价、地理信息4类数据
	GEP自动核算平台	《深圳市GEP在线核算平台》	一个集成了部门数据报送、一键自动计算、任意定义核算范围、结果展示分析等功能模块

---

① 相关资料由深圳市生态环境局提供。

（二）明确核算职能分工，协调统筹数据公开与共享

深圳市的 GEP 核算制度建设所涉及的单位包括市政法委、公安局、民政局、规划和自然资源局、住建局、水务局、市场监管局、气象局等。在《深圳市 GEP 核算实施方案（试行）》中，明确了市生态环境局负责核算制度的具体业务和技术工作，市统计局配合开展统计工作，市发改委协助开展核算工作、参与核算结果的核定和发布，而其他部门负责组织本单位相关数据的收集、补充调查、数据填报等，职能清晰。

第三节　深圳 GEP 核算制度的借鉴意义

一　GEP 和 GDP 双运行，激励地方官员环境治理理念转变

深圳市早期以盐田区为试点，建立了 GEP 核算体系，于 2021年推广至全市。长期以来相对单一的官员考核机制，让地方发展主要将 GDP 作为首要任务，目前 GEP 核算制度的建立，是对以往的 GDP 政绩观的修正，其重构了政府的考核指标体系，将城市 GEP 具体指标分解到了生态文明建设的任务当中，并纳入了领导干部的政绩考核当中，以调动地方官员对生态环境保护的积极性，促使经济向"绿色化"方向转型升级。①

二　有效转化生态服务产品价值，提升政府综合决策的科学性

GEP 核算体系通过定量分析城市生态系统的产出对城市的贡献，全面把握城市生态系统功能价值变化，有效地将难于量化的生态服务产品进行价值量化，从而为城市经济社会发展的综合决策提供科学理论依据。实践中，各个城市和地区的资源禀赋和生态环境承载力是不同的，以 GEP 核算的方式进行评价，更有益于因地制宜地制定发展政策，选择适合该地域发展的模式，发展特色

---

① 欧阳志云等：《面向生态补偿的生态系统生产总值（GEP）和生态资产核算》，科学出版社 2018 年版，第 8 页。

产业。①

三　落实环境指标的考核责任，提升主体的环境责任意识

GEP 核算体系的建构，可以将生态文明建设的指标进行量化，从而明确相应的绩效考核和环境责任。比如深圳市盐田区颁布了《盐田区生态文明建设考核制度》，就是在 GEP 核算制度建立的基础上，将辖区 43 家党群部门、区直单位、街道办及驻盐单位等纳入区生态文明建设考核，邀请环保专家、党代表、人大代表、政协委员、居民代表等对各单位工作完成情况进行考评，考核结果作为各单位绩效考核和干部勤政考核的重要指标，充分发挥"绿色指挥棒"的正面激励作用。②

四　建立完善大数据沟通共享机制，优化大数据环境治理

在 GEP 核算制度建立之初，深圳市就统筹协调了十几个相关部门，对相关数据进行了协调和统筹。根据《深圳市 GEP 核算实施方案（试行）》的内容显示，深圳市将依据 GEP 核算制度，建立完善部门基础数据沟通共享机制，优化数据报送审核流程。其明确了各个部门在 GEP 核算制度框架下的数据责任，推进各个部门在第一时间将统计数据交汇至在线核算平台。并通过制度建设，加强数据质量管理，确保获取的数据合理、完整和适用。

五　构建 GEP 大数据平台，方便数据整合和优化核算精度

2020 年 8 月，深圳市正式发布了 GEP 自动核算平台。该平台的建立，方便了各政府部门的数据在线填报、汇总、整合和分析生成。该平台运用了大数据、云计算等先进技术，通过模型分析，可实现数据收集后的自动核算，提高核算效率和准确性，同时可以实现结果的图像化展示（详见图 10 - 3）。

---

① 古小东、夏斌：《生态系统生产总值（GEP）核算的现状、问题与对策》，《环境保护》2018 年第 24 期。
② 相关资料由深圳市盐田区环水局提供。

图 10－3　深圳 GEP 大数据平台

　　根据《深圳市生态产品价值（GEP）核算统计报表制度》显示，所需要汇总的数据类型主要包括三大类：生态系统监测类，包括了各生态系统类型径流、植被、土壤污染物含量、固碳速率、水体净化、空气净化等；环境与气象监测类数据，包括了气象基数、降雨和气温、水土保持、植物等；社会经济活动与定价类数据，包括了碳交易、污染物治理、渔业产品产量、林业产品产量等。而这些数据分散在环保、林业、水务、海洋、发改委等十余个部门。如果通过传统的分割式的数据平台，大数据信息各自为政，将难以实现全流程体系化的 GEP 测算。深圳市构建的 GEP 自动核算平台，是一个以 GEP 核算为内核的大数据平台。在建设该平台之前，深圳市政府也协调了统计局、气象局、资源环境局等近 20 个部门进行收集整理统计监测数据 200 多项。

本章小结

随着"生态文明""五位一体""绿色发展"等理念的提出，中央逐步建立起一套明确的环境目标责任体系和环境官员考核体系，使得官员的环境考核有指标可行，从"软指标"逐步转变成"硬指标"，而与此同时，一项更具有科学性的可持续发展指标"GEP"核算体系的发展正在试点和建立完善。

"GEP"核算体系强调系统对人类经济社会发展支撑作用以及对人类福祉的贡献，可以通过新型核算体系的设置衡量生态系统对人类的贡献，使其成为可衡量的生态文明的指标，推动世界的可持续发展。从价值层面而言，GEP 承认生态环境本身所具有的价值体系，而不以人类的意志为转移。深圳，成为 GEP 指标体系的探索和实践者。深圳市早期以盐田区为试点，建立了 GEP 核算体系，于 2021 年推广至全市。在制度建设的过程中，大数据等先进技术的应用也让 GEP 核算体系可以更加落地和精确。2020 年 8 月，深圳市正式发布了 GEP 自动核算平台。该平台的建立，方便了各政府部门的数据在线填报、汇总、整合和分析生成，也让生态环境的各类监测数据更加精准和完善。

GEP 核算制度的建立，全面客观地反映了深圳在经济活动中的环境代价，将生态效益和价值用数据化的方式可视化呈现，丰富了国家环境经济核算理论与实践，为资源环境审计提供了技术支持，同时，也是对传统的 GDP 政绩观的修正，"GEP 和 GDP 双运行"，一定程度上激励地方官员环境治理理念转变，提升了政府综合决策的科学性。

第十一章　环境治理现代化与环境
公众参与制度创新

——以深圳实践为例

生态环境问题是一个深度纠葛的复杂性问题，不同地区的生态环境问题在空间上、地理上的差异性都十分明显。环境公众参与作为一条环境治理的路径，一直受到环境政策制定者的关注。实际上，西方世界大规模的环境领域的立法就是随着环境运动的兴起和公众环境意识的觉醒而展开的。随着大数据时代的到来，环境信息的传播和交互模式产生了巨变，环境公众参与也展现出了新的面貌，虚拟参与、深度参与、主动性参与、双向公共协商式参与成为可能。科技赋能为环境公众参与拓宽了平台和路径。而深圳，将科技赋能于环境公众参与，探索出了系列创新实践案例。

第一节　环境治理现代化与环境公众参与

一　环境公众参与：环境治理现代化的重要路径

（一）环境公众参与概述

在实践中，"命令—控制"和"市场激励"这两类政策工具起到了较好的环境治理效果，但是不可否认的是，这两类政策工具也会存在"政府失灵"和"市场失灵"的状况。比如，在中国的环境治理中，地方政府多年来受到"经济锦标赛"的竞争压力和地方财政压力的限制，可能会更为注重政绩工程，忽视经济增长的质量，如忽视环境质量维护和效益指标的提高。[①] 相应地，地方政府会降

---

① 傅勇：《中国式分权、地方财政模式与公共物品供给》，博士学位论文，复旦大学，2007 年。

低地区环境标准以实现经济的增长，造成环境政策的扭曲。再比如，如果企业环境违法行为所受到的惩罚力度不足，就会存在"守法成本高，违法成本低"的现象，那么相应的环境治理法律法规就无法发挥出其应有的规制效应。而对于市场激励路径而言，由于一些生态资源产品的产权难以界定、环境税费体系的不完善、价格体系扭曲、生态环境的公共性等复杂性因素，市场激励的举措有时候也并不能发挥其应有的效用。因此，怎样能采用多元化的治理方式，系统化、体系化地展开环境治理，成为政策制定者一直关注的话题。

　　环境公众参与作为另一条环境治理的路径，一直受到环境政策制定者的关注。实际上，西方世界大规模的环境领域的立法就是随着环境运动的兴起和公众环境意识的觉醒而展开的。比如 20 世纪 80 年代在美国展开的环境正义运动，对美国后来的环境立法、环境治理行政机构的设置都产生了深远的影响。就环境治理而言，不是环境行政机关的单枪匹马与企业的被动接受，也不是末端治理与事后追究，而必须是国家与市民社会的广泛合作，是地方社群环境自制能力的培养与发挥，是政府、非政府组织、环保企业、民间团体、地方社群自治体、公民个人等多元智力主体的互助，是多元方式的结合。①

　　环境公众参与，有广义和狭义的概念。狭义的环境公众参与，聚焦环境事务的决策参与。在具体制度建设方面，公众所参与的环境事务范围也并不局限于决策参与。比如我国 2015 年颁布的《环境保护公众参与办法》第二条规定："本办法适用于公民、法人和其他组织参与制定政策法规、实施行政许可或者行政处罚、监督违法行为、开展宣传教育等环境保护公共事务的活动。"即在法律意义上的环境公众参与的主体包括公民、法人和其他组织，其参与形式较为多样，但是主要是政治型参与和行为类参与两类。有关政治型参与包括参与政府环境政策的制定过程、监督政府、企业的环境违法行为等；行为类参与包括环境教育等，但总而言之，法律意义

---

① 钭晓东：《论环境法功能之进化》，科学出版社 2008 年版，第 276 页。

上的环境公众参与是一种"公共事务"的参与。

但也有学者提出，还有一种比制度意义上的环境公众参与更广泛意义上的公众参与，其包括了公众个体的日常环境友好行为的实践。① 这些公众个体可以是普通市民、消费者、环保主义者，他们的日常环境友好行为包括了绿色消费、绿色出行等。本章所指的环境公众参与，是更广泛意义上的环境公众参与。

（二）环境公众参与的类型

目前对环境公众参与的类型划分并没有统一的标准。按照环境公众参与的过程，郑石明将环境公众参与分为事前参与、事中参与与事后参与。其中，事前参与指的是参与环境治理政策的制定，事中参与主要包括自身投入环境治理政策实施中，事后参与主要包括监督、举报等行为。② 陆安颉按照 Sherry Arnstein 的"阶梯理论"将环境公众参与分成了表面层次的环境公众参与和深度层次的环境公众参与。表面层次的环境公众参与，主要指的是基于政府环境信息公开以及公民自发地对环境问题关注的行为；深度层次的环境公众参与是一种实质参与，包括环境信访、人大议案和政协提案。③ 而根据环境公众参与的主体和具体内容，任丙强将环境公众参与分成个人体制内参与、个人抗议型参与、群体抗议型参与和社会团体参与。④ 根据环境公众参与的具体参与内容，张金阁和彭勃将环境公众参与分为决策型、抗争型、程序型和协作型参与。⑤ 而曹海林等基于以上分类，又将环境公众参与的类型细化成三大理想类型和六个细分类型。⑥

---

① 曹海林等：《公众环境参与：类型、研究议题与展望》，《中国人口·资源与环境》2021 年第 7 期。

② 郑石明：《数据开放、公众参与和环境治理创新》，《行政论坛》2017 年第 4 期。

③ 陆安颉：《公众参与对环境治理效果的影响——基于阶梯理论的实证研究》，《中国环境管理》2021 年第 4 期。

④ 任丙强：《环境领域的公众参与：一种类型学的分析框架》，《江苏行政学院学报》2011 年第 3 期。

⑤ 张金阁、彭勃：《我国环境领域的公众参与模式：一个整体性分析框架》，《华中科技大学学报》（社会科学版）2018 年第 4 期。

⑥ 曹海林等：《公众环境参与：类型、研究议题与展望》，《中国人口·资源与环境》2021 年第 7 期。

在以上类型中，所涉及的抗议型、抗争型、反抗型环境公众参与，大部分指代的是公众因对政府环境决策和环境行政行为的不满，或者由于生产生活相关活动体验到了环境风险和环境不公，而引发的抗议行为。其中有的抗议、抗争和反抗行为会采取较为激烈的抗争方式，具有冲突性。① 本书第五章所涉及的环境邻避问题，就属于这一个类型。以上类型中所涉及的决策型、程序型、政治型环境公众参与，大部分指的是公众作为主体参与到政府的环境事务当中，促进环境程序正义，优化政府环境决策的一种环境参与。这一类环境公众参与可以发生在环境公共事务进程的任何阶段，比如前期的听证会、座谈会，后期的监督、举报等，这一类环境公众参与也是我国在法律中加以明确规范，更具有典型意义的环境公众参与。以 2018 年我国颁布的《环境影响评价公众参与办法》（以下简称《办法》）为例，该《办法》明确规定了公众参与的形式、程序、内容等。而日常型公众参与是指个体自发参与环保公益组织，或者日常开展的绿色行为。本章的"碳币"和"自然学校"案例，是就日常型公众参与实践而言的。

（三）我国环境公众参与制度体系的发展

我国环境公众参与制度的建设是从 20 世纪 70 年代开始，1973年国家审议通过了《关于保护和改善环境的若干规定（试行草案）》，并第一次提出了依靠群众保护环境的内容。虽然环境公众参与制度在我国很早萌芽，但是真正开始进入"实质性"的建设阶段，已经到了 21 世纪。2006 年，我国第一次颁布与环境公众参与相关的规范性文件《环境影响评价公众参与暂行办法》，自此，我国在环境公众参与领域的政策性探索也越来越深入。进入大数据时代后，随着公众环境理念的不断提升，也随着技术的改善，环境公众参与进入了"科学性阶段"。② 在制度建设方面，党的十八大以后有关环境公众参与的立法在不断完善。特别是 2015 年我国出台了

---

① 曹海林等：《公众环境参与：类型、研究议题与展望》，《中国人口·资源与环境》2021 年第 7 期。

② 涂正革：《公众参与环境治理的理论逻辑与实践模式》，《国家治理》2018 年第 4 期。

《环境保护公众参与办法》，2018 年出台了《环境影响评价公众参
与办法》，这两部部门规章对环境公众参与的事务范围、参与权的
相关权利赋予都有了较为清晰的规定（详见表 11 - 1）。在《环境
保护公众参与办法》中，赋予了公众环境知情权、环境监督权、听
证过程中的陈述意见权、执政权、申辩权、举报权等一系列权利。

表 11 - 1　　　　　　　　环境公众参与的基本类型①

类型	概念	目标
抗议型、抗争型、反抗型	公众因对政府环境决策和环境行政行为的不满，或者由于生产生活相关活动体验到了环境风险和环境不公，而引发的抗议行为	获得赔偿、惩罚和关闭污染企业、环境邻避设施相关问题解决
决策型、程序型、政治型	公众作为主体参与到政府的环境事务当中，促进环境程序正义，优化政府环境决策的一种环境参与。具体形式有参与听证会、座谈会、审议会、环境信访、环境协商、环境举报等	政府：满足法律和制度要求，增强与民众的沟通、提升行政效率和行政能力
		公众：表达意见、促进程序正义、维护公共利益
日常型参与	公众作为个体自发参与环保公益组织，或者日常开展的绿色行为	保护环境、获得成就感和幸福感

（四）环境公众参与的意义

有关环境公众参与的研究十分广泛和丰富，在有关环境公众参
与效果问题的研究中，大部分学者认为公众参与这种形式可以提升
环境治理的效果。比如，郑思齐等通过实证研究表明，公众参与可
以促使政府通过增加环境治理的投资力度、调整产业结构等措施有

① 表格参考曹海林等《公众环境参与：类型、研究议题与展望》，《中国人口·资
源与环境》2021 年第 7 期。

效治理城市环境污染。① Wang 等通过对中国 85 个地方城镇的实证
分析发现，居民对环境污染的投诉会提升地方政府对环境污染的治
理程度。② 吴建南等通过实证研究发现，公众参与对关乎自身健康、
生活质量的约束性环境污染指标和非约束性环境污染排放物有明显
作用。③ 但是也有少数研究认为环境公众参与并不能促进环境治理
的效果提升。比如张彩云等认为，由于公众的参与权利缺失、参与
程度低，公众参与并不能对地方环境治理产生显著的直接影响。④
李永友等通过实证研究认为公众的环保信访并未有效降低地区污染
排放。⑤

　　虽然学者们对环境公众参与在实践中所产生的效果有不同的研
究结论，但是不可否认，环境公众参与对改变官僚封闭系统决策方
式、促进政府环境信息公开、优化政府环境决策、提升公众环境意
识等方面，都有着不可小觑的作用。

　　1. 弥补地方性知识的不足，提升环境决策的科学性

　　生态环境问题是一个深度纠葛的复杂性问题，不同地区的生态
环境问题在空间、地理上的差异性都十分明显。在中国，地区之间
的发展不平衡，不同地区的经济、文化发展水平千差万别，这意味
着在法律、法规的制定过程中面临着巨大的困难和复杂性的挑战。
如果对这种"地方性知识"不加以深度探索，就会产生政策上的偏
差。而传统的环境行政决策，是一个较为封闭的官僚系统，在这样
的决策系统内要保障政策的应然价值取向，是有风险的。公众参与
的方式，从某种意义上是一种地方生态环境利益相关群体将地方性
知识带入政策制定过程当中的有益方式，弥补了"自上而下"环境
决策所面临的政策无法落地，或者无法"因地制宜"的尴尬情境。

---

　　① 郑思齐等：《公众诉求与城市环境治理》，《管理世界》2013 年第 6 期。

　　② Wang, Hua, and Wenhua Di, "The Determinants of Government Environmental Per-
formance: An Empirical Analysis of Chinese Townships", *Available at SSRN* 636298, 2002.

　　③ 吴建南等：《环保考核、公众参与和治理效果：来自 31 个省级行政区的证据》，
《中国行政管理》2016 年第 9 期。

　　④ 张彩云等：《中国式财政分权、公众参与和环境规制——基于 1997—2011 年中
国 30 个省份的实证研究》，《南京审计学院学报》2015 年第 6 期。

　　⑤ 李永友等：《我国污染控制政策的减排效果——基于省际工业污染数据的实证分
析》，《管理世界》2008 年第 7 期。

而分布于各辖区的公众具有区域信息优势，他们通过线下参与环境听证会，将其拥有的"地方性知识"或"非正式知识"及时有效地传达给政府，有利于政府深入了解相关环境利益群体的实际意愿，也有利于提高地方政府决策的科学性与合理性，提升环境治理的准确性和智能化。①

2. 促进环境信息公开，监督政府、企业的环境行为

环境信息公开同环境公众参与是一组不可分割的概念。环境公众参与的前提是环境知情权的享有，而环境知情权的充分享有是基于政府透明、充分的信息公开。反向而言，有效的环境公众参与一步步在促进政府和企业的环境信息公开，促进环境信息更加透明和通畅。比如 2011 年的"我为国家测空气"运动，倒逼我国建立了PM2.5 的信息公开体系。而公众通过环境信息的获取，也可以给予政府和企业以更多的反馈和建议，主动参与环境治理当中。

3. 提升公众环境意识，促进公众环保行为

公众环境意识的提升有利于其更好地维护自身的环境权益，也将促进其身体力行地展开环保行为。怎样提升公众的环境意识，成为值得探讨的话题。实际上，更多的参与能够使公众更加见多识广。② 教育只是让人们获取环境民主参与的能力，但要"巩固"这种能力，同时从理性认识转化为感性认识，还要基于"实践"。公共参与能够发展公民个人的思想感情与行动力量，体验公共生活的价值，引导和促进公民政治参与文化的发展。③

二　大数据时代环境公众参与的新发展

随着大数据时代的到来，技术为公众参与拓宽了更多的路径，

---

① 陆安颉：《公众参与对环境治理效果的影响——基于阶梯理论的实证研究》，《中国环境管理》2021 年第 4 期。

② ［美］罗伯特·B. 丹哈特、［美］珍妮特·V. 但哈特：《新公共服务理论——服务，而不是掌舵》，丁煌译，中国人民大学出版社 2004 年版，第 93 页。

③ Carroll B. and C. Terrance, "Civic Networks. Legitimacy and the Policy Process", *Governance: An International Journal of Policy and Administration*, Vol. 12, No. 1, 2011, 转引自马斌《政府间关系：权力配置与地方治理：基于省、市、县政府间关系的研究》，浙江大学出版社 2009 年版，第 32 页。

新媒体的出现促进了环境公众参与的非正式渠道，而公众的环境诉求和民意的表达，在网络空间里形成了新的阵地，话语权的重构使得公众掌握了更多的主动性，同时，随着新技术的发展，公众掌握信息和技术的能力不断提升。"以互联网为代表的信息技术日新月异，引领了社会生产新变革，创造了人类生活新空间，拓展了国家治理新领域，极大提高了人类认识世界、改造世界的能力。"[①]政府在此背景下，也逐步开放信息，以期通过更透明公开的数据开放，获得公众的信任感，而深度的信息公开，政府同公众在新媒体平台上的各类互动，更是促进了公众参与的意愿。在实践中，环境公众参与在科技赋能和新媒体平台不断涌现的大数据时代，正在发生着重大的变革。其从实体参与走向虚拟参与，从浅层参与走向深度参与，从议题被动参与走向议题主动参与，从单向度信息流动模式走向双向公共协商模式。

（一）从实体参与走向虚拟参与

进入大数据时代以后，从国家到地方出台了一系列政策文件鼓励电子政务、"互联网＋"、大数据领域的发展，以期通过技术赋能实现政府治理的现代化、提升政府的治理能力，在环境领域亦如此。近些年，从中央到地方，环境信息公开工作发展迅速，特别是进入大数据时代，很多网络平台可以实时查询地区性的环境信息，增强了公众对政府的信任感，提高了公众对环境问题的科学认识和生态环保意识，促进了公众参与的意愿。比如，生态环境部近年来在官方微博和微信公众号等平台，实时公开全国 1436 个城市环境空气自动站、1881 个全国地表水国控断面自动站的监测数据，250 个全国辐射环境质量监测和 118 个核电厂监督性监测自动站空气吸收剂量率实时监测数据。除了生态环境质量信息以外，还对中央环保督察信息、生态环境监管信息、生态环境管理信息等进行定期发布。[②]

---

① 罗梁波：《"互联网＋"时代国家治理现代化的基本场景：使命、格局和框架》，《学术研究》2020 年第 9 期。

② 《生态环境部 2020 年政府信息公开工作年度报告》，https：//www.mee.gov.cn/xxgk/xxgknb/202101/P020210130479772727714.pdf，2022 年 4 月 10 日。

相比传统的环境信访、听证会等环境公众参与方式，以互联网、移动互联网为代表的新媒体参与更具有即时性、互动性，其不受时空限制，可以最大限度地动员公众参与环境事务。同时，新媒体平台极大地增强了公民话语权和参与积极性，其在推动政策议程设置、重聚利益相关群体、创新政府与公众互动沟通机制等方面体现出明显优势。①

（二）从浅层参与走向深度参与

进入大数据时代，公众参与的路径被大大拓宽了。除了座谈会、留言本、信件等传统的公众参与方式外，微博、微信、网站、论坛等线上平台也成为表达民意和同政府沟通的重要渠道。② 而这些以社交网络、移动终端等为代表的新媒体工具，在改变大众传播和人际交往方式的同时，也在潜移默化影响着公众参与。

传统的环境公众参与，特别是公众参与政府环境公共事务决策，由于受到参与形式的制约，其能覆盖的公众范围较小，实际参与程度不高，公众参与往往流于形式。进入大数据时代，新媒体等工具为环境公众参与提供了新的方式和平台，比如微博、环境公众参与可以突破传统的时空限制，大大增加了公众参与的深度和广度。③ 大数据和媒介技术打破了政府在环境信息传播中的主导地位，公众也可以通过技术自行获取环境信息，因此其在环境公众参与过程中的议价能力提升了。同时，由于新媒体等方式所塑造的网络社会空间，可以有力聚合相关利益群体，形成更强的舆论压力，进而影响政府决策进程。相关研究也表明，通过网络搜索、微博舆论等新媒体渠道参与环境治理的效果显著高于写信、上访等传统渠道。④

（三）从议题被动型参与走向议题主导型参与

传统的环境公众参与大部分是基于政府提供的环境议题展开的，

---

① 朱江丽：《新媒体推动公民参与社会治理：现状、问题与对策》，《中国行政管理》2017 年第 6 期。

② 张逸：《城市总体规划公众参与的创新性实践——对"上海 2035"城市总体规划公众参与的思考》，《上海城市规划》2018 年第 4 期。

③ Zhang, Shanqi, and Rob Feick, "Understanding Public Opinions from Geosocial Media", *ISPRS International Journal of Geo-Information*, Vol. 5, No. 6, 2016, p. 74.

④ 张橦：《新媒体视域下公众参与环境治理的效果研究——基于中国省级面板数据的实证分析》，《中国行政管理》2018 年第 9 期。

比如环境立法进程中的听证会、环境影响评价中的公众参与。但是进入大数据时代后，网络空间形成了新的社会空间，公众的话语权完全被重构了。公众通过互联网等渠道所表达出的对一些环境决策项目的关注、意见，将可能转化为网络热点，进而引发政府的关注。从某种意义而言，公众在一定程度上可以主导环境政策的议题，变被动参与为主动引导型参与。相关的环境议题从政府主导，逐步走向了公众主导，可以说新媒体的发展改变了公共政策赖以依靠的环境基础，在政策问题的发现、议程的设置、方案的制定执行和效果反馈方面都有很重要的作用。①

（四）从单向度信息流动模式走向双向公共协商模式

大数据时代的治理，呼唤的是自由、共享无边界的思想，超越专业化、单一化的管理主义思维模式，提升系统化、信息化的综合思维能力，促进国家治理更加现代化。② 在传统的"自上而下"的环境管理进程当中，环境公众参与常常由于公众对政府决策的议价能力较低而流于形式。比如环境影响评价制度中的环境公众参与，在很长时间内都是形式主义的代名词。即使公众实际参与政府环境决策的进程，其双向沟通的渠道也十分有限，更多的是公众反映其环境诉求和意愿的单向度信息流动模式。

进入大数据时代后，网络信息的快速流通，促进了整个社会的运行模式更加公开透明，公众借助各类互联网的平台、数字化的虚拟空间，联结成了各类共同体，比如利益共同体、意见共同体、事件共同体和关系共同体，这些共同体的发展使公众的舆论力量前所未有的强大。③ 依托新媒体，环境污染的舆论监督主体更为多元，对象有所拓展，监督方式也更加多样。④ 同时，政府也希望能借助

---

① 马小虎：《新媒体时代的公共政策创新研究——基于信息传播变革的视角》，《理论观察》2016 年第 4 期。

② 罗梁波：《"互联网＋"时代国家治理现代化的基本场景：使命、格局和框架》，《学术研究》2020 年第 9 期。

③ 罗梁波：《"互联网＋"时代国家治理现代化的基本场景：使命、格局和框架》，《学术研究》2020 年第 9 期。

④ 帅志强等：《构建新媒体背景下西部民族地区环境污染的舆论监督机制》，《西南民族大学学报》（人文社科版）2015 年第 9 期。

大数据互联网这些新技术的力量，运用电子政务等数字化的治理工具来处理日趋复杂的公共事务，更有效率地应对公众不断增长的权利诉求，构建共建共治共享的社会秩序。[①] 网络平台为公众和政府提供了一个双向的沟通、协商的平台。政府近几年也在积极行动，构建和完善这个网络协商平台。比如依据相关数据显示，2020 年生态环境部官方微博发稿 5449 篇，总阅读量超过 4.17 亿次，微信公众号共发稿件 4047 篇，总阅读量超过 1470 万次。[②] 而根据《生态环境举报热线（"12369"）工作管理办法》（征求意见稿）的规定："对电话举报，受理工作人员能当场决定受理的，应当当场告知举报人；不能当场告知是否受理的，应当在 15 日内告知举报人。对微信举报和网上举报，受理工作人员应及时登录联网平台查收举报件，并在举报提交日起 15 日内决定是否受理。"

三　深圳在环境公众参与方面的实践

环境公众参与一直是深圳生态文明建设的重点发展领域。深圳出台和颁布了一系列的政策法规，保障公众的环境知情权和参与权，并通过规范性文件的方式引导公众参与。同时，深圳通过市场激励的方式，鼓励和激励公众参与，比如出台了《深圳市公众举报工业企业环境违法行为奖励办法》，深圳盐田的"碳币"制度等。作为科创城市，深圳借助大数据等技术和新媒体，创新环境公众参与的渠道，构建政府与公众沟通的平台。

（一）通过制度建设引导环境公众参与

深圳于 2009 年 8 月颁布了《深圳经济特区环境保护条例》，该条例明确规定了公民拥有的环境基本权利。2021 年 7 月，深圳出台了《深圳经济特区生态环境保护条例》，其中第五章专章规定了"信息公开和公众参与"，赋予了公众环境知情权、环境参与权、环境举报权，并对环境教育等领域进行了规定。同时，为了便于公众

---

① 罗梁波：《"互联网＋"时代国家治理现代化的基本场景：使命、格局和框架》，《学术研究》2020 年第 9 期。

② 《生态环境部 2020 年政府信息公开工作年度报告》，https：//www.mee.gov.cn/xxgk/xxgknb/202101/P020210130479772727714.pdf，2022 年 4 月 1 日。

理解和实施，深圳市环境科学院协同相关部门一起制定了《深圳市环境信息公开与公众参与实施指南》，为公众提供了操作指引。① 深圳大鹏新区还出台了《关于完善社会组织参与生态文明建设引导机制的工作方案》，进一步完善民间环保组织参与生态文明建设的工作机制。

（二）通过经济激励方式促进环境公众参与

为了有针对性地打击高危型、隐蔽型环境违法行为力度，深圳生态环境局修订了《深圳市公众举报工业企业环境违法行为奖励办法》，专门安排经费用于举报工业企业环境违法行为的奖励。2015年1月至2016年11月，共发放奖金34.25万元。

（三）依托大数据、新媒体，加强环境信息公开

深圳通过政务微博、新闻发布会、各大网站以及各新媒体渠道，开展信息公开，主动公开"白皮书""治污保洁工程""鹏城减废""深港环保合作"等。深圳盐田区创新开辟了"互联网＋"环境质量信息公开渠道，开发环境质量公众服务平台，以手机 App 应用软件为媒介，将各类环境质量信息向公众进行实时、直观和全面的公开，充分保障公众环境知情权。②

第二节　深圳盐田区"碳币"
制度的实践与探索

深圳盐田区的"碳币"制度是一套基于大数据及相关网络技术创设出的制度体系，其内核是通过经济激励的方式，将绿色出行、垃圾分类、节水节电等行为进行自动核算，并开设"兑换渠道"，促进公众、团体和企业开展节能减排行为，引导公众日常行为，提升公众的环境意识。"碳币"制度更为关注公众和企业的日常型环

---

① 车秀珍等：《深圳生态文明建设之路》，中国社会科学出版社 2018 年版，第127 页。

② 车秀珍等：《深圳生态文明建设之路》，中国社会科学出版社 2018 年版，第127—128 页。

境公众参与行为，即身体力行的日常节能减排和绿色行为，包括节水节电、绿色消费、绿色交通、垃圾分类、环保公益行为等。但其中所设置的"随手拍"等环节，也给予了公众"环境线上监督"的路径。"碳币"制度的创设，依托大数据、物联网、互联网等先进技术，借助虚拟空间平台的创设，不仅为公众提供便捷的环境信息服务，还可以让公众突破时空限制开展更深层次的公众参与。公众在实践和参与中不仅提升了自身的环境意识，同时还可以借助"碳币"平台建立对政府的信任感，这是深圳打造共建共治共享环境治理新格局的重要制度创新。

图 11 - 1   深圳"碳币"服务平台界面

一 "碳币"制度的内涵与运行体系

（一）"碳币"制度的内涵

"碳币"指的是公民参与低碳活动、节能减排、环境保护等行为致使减少碳排量的量化指标，也可作为记录公民公益行为产生社会价值的衡量标准。① 具体而言，公众参与低碳活动、节能减排、环境保护等行为促进碳减排，碳币系统会对公众的环保碳减排行为所产生的社会价值进行量化和衡量，并给予相应的"碳币"的激励，这是一种可兑换实物礼品或者参与优惠、参与各类评选评比的"生态环保积分"。"碳币"制度是近年来深圳市盐田区生态文明建设过程中的创新型举措，公众、企业通过参与"碳币"的运营，不仅提升了环境意识，增长了环境领域的知识，还践行了绿色低碳行为。

（二）"碳币"制度的运行体系

"碳币"制度的运行核心是对公众和小微企业的环保行为的量化、评价，进而进行激励。因此，量化评价体系和转化激励体系是"碳币"制度运行的实质。同时，其还享有一套资金运行的支持体系。

1. "碳币"制度的行为评价体系

"碳币"制度的设计目的是通过经济刺激的方式，激励公众和小微企业个体开展绿色环保行为，改变消费方式，身体力行开展节能减排。在具体制度设计的过程中，需要明确公众和企业的哪些生态环境行为值得进行正向激励。"碳币"的具体制度设计中，将行为评价体系锁定在了公众和企业的"生态文明意识"建设和"生态文明行为"鼓励两个方面。

在生态文明意识的建设方面，主要是对生态环保知识进行普及、对生态教育进行深化、对公众的生态环境意识进行提升。因此在"碳币"平台里，不仅有关于生态环保知识的问答项目的设计，还有相关区域生态环境和气候的预报，以提升公众对于环境要素的一些基本认知，同时设计了"随手拍"②"碳友圈"这样的项目，增加公众的生态环境参与度。

在生态文明行为鼓励方面，主要是将公众和企业的消费行为、生态环保行为等纳入其中。比如节水节电、环境公益活动

---

① 资料来源于盐田区生态文明碳币服务平台。

② "随手拍"是通过大数据、人工智能等技术，对公众关于环境违法现象照片的上传进行精准环境执法的一种方式。

的参与、垃圾分类、绿色出行等，都较为系统地纳入了评价体系。①

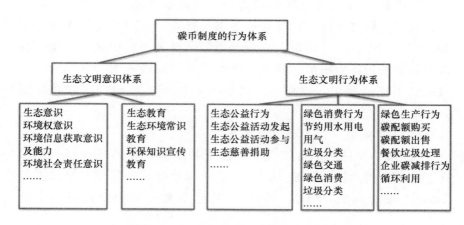

图 11 – 2　"碳币"制度的行为评价体系

2. "碳币"制度的量化激励体系

基于"碳币"制度的行为体系，系统又对其进行了具体的价值量化，比如每节约 1 吨水，奖励 50 个碳币，"随手拍"发照片可以奖励 10 个碳币，生态环保知识闯关可以获得 5 个碳币等。然后再用碳币与实际的货币体系进行对接，量化具体原则为 1 碳币 = 0.01 元人民币。这样，最初的行为体系通过评价、量化和价值转化，在碳币获得后，可以在平台上获得相应的礼物礼品，从而起到激励公众和企业转变消费和行为方式，起到碳减排的效应。

3. "碳币"制度的资金支持体系

"碳币"制度的运行需要稳定的资金支持，在资金支持体系方面，深圳盐田区政府采取了创新的方式，成立了全国首个由政府注册成立的专项基金会：盐田生态环保基金会，以期通过市场化的管理和运作维持"碳币"体系的运营。在基金会建设之初，政府投入300 万元的启动资金，之后每年投入资金用于系统的推广、运营和

---

① 赖旭等：《盐田区以"碳币"为核心的生态文明公众参与机制分析研究》，《能源与环境》2020 年第 1 期。

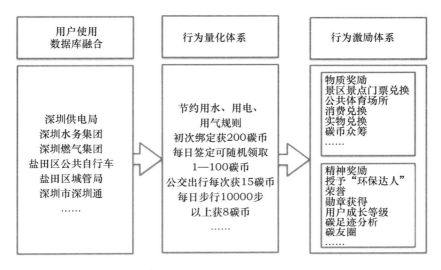

图 11 - 3　"碳币"制度的量化激励体系

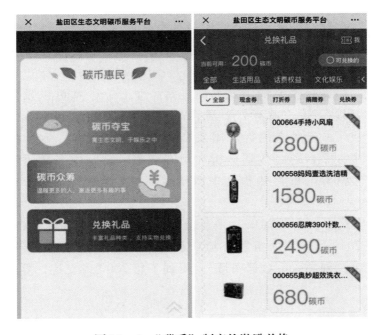

图 11 - 4　"碳币"制度的激励兑换

相关公益活动的组织外，"碳币"体系可以通过个人或者集体、企业的捐助，相关的广告收益获取资金，维持"碳币"制度的日常运营。

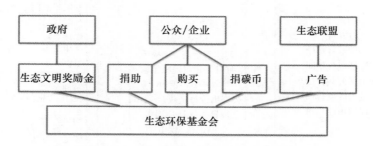

图 11 - 5　"碳币"制度的资金支持体系

二　深圳"碳币"制度建立的借鉴意义

（一）通过经济激励手段，促进环境公众参与

"碳币"制度是深圳盐田区的创新实践，该制度借鉴了"碳排放交易"的核心理念，将经济激励的方式扩大到了每个"碳排放"的个体——公众身上。传统的"碳排放交易"的目标群体在企业之间，但在实践中，每一个个体都是一个碳排放源，"碳币"制度的创设是以经济激励的方式，促进每一个公众，都可以投入节能减排和低碳行为。"碳币"在碳币平台里可以自由兑换、众筹、捐助，形成了一套特有的货币体系。同时，在"碳币"制度的实际运营当中，平台通过数据分析和动态调整，结合生态文明的建设需求和公众参与的冷热程度来调整激励的系数，以促进公众的绿色行为。[1]

在实践中，该"碳币"平台也发挥出了较好的环境教育效应。例如在 2019 年"六·五"环境日系列活动中，生态文明碳币服务平台发起"珊瑚碳币众筹项目"，得到了超 2000 人支持，筹集碳币

---

[1] 《深圳盐田以"小碳币"撬动全民参与生态文明大行动》，http://www.tan-paifang.com/tanguwen/2019/0916/65625.html，2020 年 7 月 15 日。

超过 14 万，可种植珊瑚已达 7 株。①

（二）以公众为出发点的人性化的栏目设置，促进多元化的环境公众参与

"碳币"制度的创设目标是促进更多的环境公众参与，其在平台建立的过程中，注重通过多样化的流程设计、人性化的栏目设计、透明化的信息公开平台，方便公众参与环境公共事务。在各类栏目设计当中，其从公众的角度出发，将相关的环保理念和意识贯穿其中。

比如，"碳币"平台所设置的"天气预报""盐田环境"等栏目可以方便公众快捷、便利地获取环境质量和天气变化的信息，提升公众对政府环境信息服务提供的满意度。而"随手拍"栏目，方便公众随时随地拍下自己见到的环境污染信息，上传进行举报。这既有利于政府对环境污染信息进行精确掌握，也有利于提高公众环境参与的积极性。② 而"碳友圈"等栏目的设置，增强了公众环境行为的社会属性链接，将个体的绿色行为与其社会属性做勾连，提升了公众的社会参与感。"碳币夺宝"这些栏目的设计，将趣味性和娱乐性融入其中，增加了公众的参与兴趣。

（三）加强部门协作，打破数据联通的行政壁垒

深圳市盐田区所建立的生态文明碳币服务平台，整合了盐田区环境监测系统、垃圾分类、公共自行车、深圳通、燃气集团、供电局等各部门的数据系统。然后通过数据获取和分析，按照既有设定的奖励规则，对公众和企业的绿色行为进行量化，进而进行碳币的激励。比如，公众乘坐公共交通或者定点投放垃圾等，都会在系统内直接获得相应的碳币奖励。③

---

① 《深圳盐田以"小碳币"撬动全民参与生态文明大行动》，http://www.tan-paifang.com/tanguwen/2019/0916/65625.html，2020 年 7 月 15 日。

② 郑石明：《数据开放、公众参与和环境治理创新》，《行政论坛》2017 年第 4 期。

③ 徐健荣等：《深圳市盐田区生态文明体制改革研究》，《环境科学与管理》2019 年第 5 期。

环境治理现代化的深圳实践案例九

深圳"随手拍"曝光台

　　深圳的"随手拍"曝光台是利用大数据、物联网、移动互联网、人工智能等新技术建立起来的线上举报平台，其应用于深圳的交通、环境卫生、市容市貌等各个领域。深圳市的交通部门、控烟协会、深圳市文明、深圳市生态环境局、城管局等都设置了相应的平台接入"随手拍"的举报功能。

文明深圳"随手拍"曝光台新闻发布①

　　"随手拍"同时也采用了经济激励的方式鼓励公众参与，市民可以通过积分获得话费等经济激励。通过人性化的功能设置，公众参与更为便利，同时"随手拍"功能设置的趣味性和实用性，也激发了更多公众参与其中。据统计，截至2019年底，"文明深圳随手

---

　　① 图片来源于《先锋快报："文明深圳随手拍"曝光台上线运行》，http：//static. scms. sztv. com. cn/ysz/yszlm/mt/xfkb/28273166. shtml，2022年6月15日。

拍曝光台"注册用户达到了 19 万余人，接到爆料 16800 余条，其中环境卫生类占 21.56%。

深圳各类"随手拍"平台①

（四）共建共治共享的制度设计，提高公众环境参与感

深圳盐田的"碳币"制度有着较为完善的顶层设计，在制度设计之初就将多元共治的环境参与模式纳入其中。"碳币"制度的资金支持来源是深圳市盐田生态环保基金会，这个基金会本身就是社会多方力量共同参与的开放平台，除了政府以外，社会组织、企业和个人都可以参与其中，形成了共建共治共享的良性循环。同时，为了进一步推进公众参与生态文明建设，深圳盐田区组建了生态文明"碳币"平台志愿者和网格员的队伍，每周发起 10 场以上的生态文明活动，进一步增强公众的环境意识。

根据深圳市生态环境局和深圳市统计局联合对全市各区开展的生态环境满意率调查结果，盐田区公众生态文明意识从 2015 年的86.7% 提升到 2018 年的 93.9%，连续六年位列深圳市第一。②

---

① 图片来源于文明深圳随手拍曝光台、烟控随手拍、随手拍举报 App 官方界面。
② 《深圳盐田以"小碳币"撬动全民参与生态文明大行动》，http：//www. tan-paifang. com/tanguwen/2019/0916/65625. html，2020 年 7 月 15 日。

第三节　深圳"自然学校"的实践与探索

"自然学校"是环境教育的一种方式，最早在欧美国家兴起，其强调从生态自然的体验中呼唤人性，引发公众对人与自然关系的深层次思考，进而提升其环境意识和激发其环境行为。环境教育是提升公众环境意识的重要路径之一，而环境意识是公众参与环境公共事务的内驱力和原动力，因此环境教育同公众环境参与息息相关。

深圳是我国"自然学校"的发源地，目前全市已经有 17 所自然学校，几十个生态环境教育基地。在大数据时代，自然学校可以依托技术赋能，完善网络平台的系统搭建、建立更为完善的评估评价体系，保障自然学校的标准化建设，提升其教育教学的质量，让其发挥出更好的环境教育功能。

一　深圳"自然学校"的建设历程

（一）深圳"自然学校"的建设背景

"自然学校"并不是传统意义上的教学组织，其具体指拥有代表性的生态自然资源的机构，通过设置专业课程和活动方案，为公众提供体验自然、亲近自然的环境教育类专业服务的机构。[①]"自然学校"是环境教育的一种形式，其最早在英、美等发达国家兴起，日本、中国台湾等国家和地区的"自然学校"发展也较为迅速。"自然学校"一般建设在生态园林当中，重在"体验"，通过亲近自然呼唤人性，进而激发公众的环境意识，促进公众的绿色行为。其不是一味地重视知识教育，而是通过体验和感动，激发公众对生态环境的共情。[②]

---

① 徐桂红等：《深圳自然学校环境教育体系研究》，《湿地科学与管理》2015 年第 4 期。

② 栾彩霞：《环境教育的推力和依托——从环境教育基地探索日本环境教育》，《环境教育》2013 年第 6 期。

随着我国将生态文明建设提升到战略发展的高度，环境教育也成为生态文明建设中的重要一环。作为改革开放的前沿城市，也作为国家生态文明建设示范市，深圳在环境教育领域也先行先试，借鉴了日本等国家和地区的先进经验，创建了一系列的"自然学校"。

（二）深圳"自然学校"的创建历程

2013 年，深圳华侨城集团成立了深圳市华会所生态环保基金会，后更名为华基金。该基金会秉承着"将自然教育理念辐射全国，推动国内自然教育可持续发展"的愿景，在深圳市生态环境局（人居委）的支持下，2014 年 1 月 12 日筹建了全国第一所自然学校：华侨城湿地自然学校。到了 2015 年，华基金与生态环境部宣教中心签约，以华侨城湿地自然学校为起点，在深圳支持建设了第一批 8 所自然学校，包括了仙湖植物园自然学校、福田红树林保护区自然学校、园博园、深圳湾公园等。2016 年，生态环境部（环保部）同深圳市生态环境局（人居委）合作编写发布了《自然学校指南》（简称《指南》），旨在为拟建、在建和已建的自然教育场所提供参考和帮助，促进自然学校的蓬勃发展，提高全民的环境意识和素养。[1] 该《指南》的出台为各地筹建和发展自然学校起到了指导作用。

2016 年，华基金又建立了南北培训基地，在全国支持建设了第二批 13 所"自然学校"。2017 年，华基金与生态环境部宣教中心签订了 5 年战略合作协议，计划在 2021 年前在全国支持建设 100 所自然学校。在与生态环境部宣传教育中心、深圳市生态环境局、深圳市城市管理局、深圳市规划和自然资源局等部门的协同合作下，截至 2020 年底，全国在该基金的支持下建成了 78 所"自然学校"，分布在 29 个省、自治区和直辖市。

在生态环境部、深圳市生态环境局、华基金的合作和支持下，全国的自然学校蓬勃兴起，深圳在环境教育发展方面也走在全国前列。截至 2021 年，深圳已经建成了 17 所"自然学

---

① 金玉婷：《〈自然学校指南〉正式发布》，《世界环境》2016 年第 1 期。

校"。目前已建成的"自然学校"各有特色，有的偏重休闲，有的偏重科研。

二　深圳"自然学校"的运行体系

（一）深圳"自然学校"的运行体系

目前深圳已建成的 17 所自然学校，大部分是按照"三个一"的运行体系展开实践。"三个一"具体指的是一间教室、一支环保志愿者教师队伍和一套课程。

具体而言，"一间教室"是指作为"自然学校"的教学场所，这是"自然学校"存在的硬件条件。这个教室不一定限定在传统意义的室内教室，也可以包括大自然的天然教室，比如红树林、观鸟屋、生态展厅等。

"一支环保志愿者教师队伍"具体是指"自然学校"的师资培养和管理。从 2014 年深圳建设第一家"自然学校"开始，也启动了"国家自然学校能力建设项目"，该项目围绕自然教育开展了各类培训、研讨和交流活动，旨在培育和储备一支有理论、有方法、有经验的自然教育人才队伍。

图 11 - 6　"自然学校"教学场景①

---

① 图片来自深圳市华基金生态环保基金会官网，https：//www. oct - huafounda-tion. org. cn/hjj/508. html，2022 年 1 月 2 日。

图 11 - 7　深圳"自然学校"志愿者教师团队①

　　"一套课程"是指"自然学校"的具体教学活动展开。在课程开发的过程中，鼓励教材的研发和教学方法的探索。以华侨城湿地自然学校为例，其课程体系包括了生态导览、小鸟课堂、自然 FUN 课堂、无痕湿地等。而深圳同生态环境部共同研发和出版的"自然学校"相关教材已经有 32 本之多（详见图 11 - 8、表 11 - 2）。②

图 11 - 8　全国已研发的部分"自然学校"教材③

---

　　①　图片来自深圳市华基金生态环保基金会官网，https：//www. oct - huafoundation. org. cn/hjj/508. html，2022 年 1 月 2 日。
　　②　图片来自深圳市华基金生态环保基金会官网，https：//www. oct-huafoundation. org. cn/hjj/508. html，2022 年 1 月 2 日。
　　③　图片来自深圳市华基金生态环保基金会官网，https：//www. oct-huafoundation. org. cn/hjj/508. html，2022 年 1 月 2 日。

表 11 - 2　　　　　　　深圳已研发的部分"自然学校"教材

单位名称	教材名称	单位名称	教材名称
华基金	《从"零"开始》	深圳市红树林自然保护区	《红树林里的自然课》
	《一个梦想，从零开始》		《看见深圳福田红树林》
华侨城湿地自然学校	《华侨城湿地值多少》	深圳市生态监测中心站	《水》
	《滨 fun 自然客》		《深圳湾公园》
	《滨海湿地的守护者》	深圳湾公园自然学校	《洪湖公园》
	《从一片滩涂到自然学校——华侨城湿地自然学校教育体系》	洪湖公园自然学校	《园博园》
	《如果湿地会说话》	园博园自然学校	《苏铁——神奇的活化石植物》
	《心湖游学——华侨城湿地自然学校情意自然体验课程》	仙湖植物园自然学校	《苔藓——你所不知道的高等植物》
			《蝴蝶——大自然的舞者》

（二）深圳"自然学校"的支持体系

目前深圳建成的 17 所"自然学校"当中，其主管部门来源多样，有国有企业、事业单位，也有基金会。这些"自然学校"的资金筹措各不相同，比如华侨城湿地自然学校，其主管部门是华侨城集团，性质为国有企业，其资金筹措体系包括了华基金、政府补贴、相邻区域的生态旅游收入等。而福田红树林保护区自然学校，其主管单位是广东内伶仃福田国家级自然保护区管理局，该"自然学校"的财政由政府全额拨款而来。但是大部分深圳的"自然学校"，都会获得华基金的资金支持。

（三）深圳"自然学校"经费的政府支持

2020 年，深圳市生态环境局印发《关于积极服务企业推进生态环境治理能力现代化若干资金措施》的通知，其中强调了深化绿色发展理念，推动形成绿色生产生活方式，并明确了为进一步提升深圳市环境教育能力，鼓励各类环境教育场所、环保设施积极开展公众环境教育，通过环保专项资金补贴扶持，对环境教育基地、"自然学校"和环保设施的开放单位给予最高不超过 30 万元的一次性创建补贴，对举办环境教育活动给予最高不超过 10 万元的活动补贴。

（四）深圳"自然学校"的标准化建设

深圳 2021 年完成了《自然学校评价规范（送审稿）》（以下简称《规范》），以期将"自然学校"的评定纳入深圳市地方标准当中，进行标准化建设，提升"自然学校"的品质。根据该《规范》，深圳市将组织生态环境领域和相关领域的专家组成评审专家组开展评审，评价方式包括文件审核和现场核查两种方式。专家根据各项指标的评价分值打分进行评定，超过 85 分及以上的，视为达到深圳市自然学校评价标准。根据该规范，"自然学校"的评定将从设施环境、宣传教育、运营管理和成效四个大方面进行考量。其中的二级指标还包括资源环境、宣教设施、师资建设、教育开发、环境管理、安全管理等一系列的细分指标（详见表 11 - 3）。为深圳"自然学校"的标准化运营建立了较为完善的标准和质量体系。

表 11 - 3　　　　　　　深圳"自然学校"评价规范①

评价大类	评价小类		评价具体标准
设施环境	资源环境		• 生物多样性丰富或处于具有代表性的生态系统区域，自然环境良好； • 对水体、土地、生物或景观等资源的开发和利用适度； • 周边存在丰富且可利用的其他自然资源和人文资源，且有利于设计和开发多种自然教育课程和活动
	宣教设施	室内设施	• 有面积适宜的室内活动场所，且环境整洁干净； • 室内活动场所功能分区合理，包括展示型场所（标本馆、博物馆、科普展厅等）和体验型场所（自然体验馆、自然教室、自然创意坊等）
		户外设施	• 有安全便捷的室外活动设施； • 室外活动区域分区合理，设施功能完善，包括但不限于生态科普设施、互动体验设施

———————————

① 详见《自然学校评价规范》（DB4403/T 216 - 2021）。

续表

评价大类	评价小类		评价具体标准
设施环境	宣教设施	展示设施设备	• 标识牌符合 GB/T 10001.1 的规定,标识牌、解说牌、导览牌等设施文字规范、整洁完好; • 有定期更新展示内容的生态环境教育宣传栏或多媒体显示屏等
		安全设施设备	• 在明显位置张贴安全须知,设置安全警示标识; • 有逃生通道和应急避难场所; • 消防设施、器材完好有效; • 有急救包等应急医疗物资储备
		资源节约设施设备	• 使用节水器具和设备; • 使用再生水或雨水利用系统; • 使用 LED 灯、太阳能路灯等节能灯具,并采取分区照明、自动控制等照明节能措施; • 采用中国能效标识二级及以上的空调设备
		污染物控制设施设备	食堂污染物控制设施设备：• 装有油烟净化设备; • 装有含油废水预处理设施,预处理后的废水依规接驳排入市政污水管网
			雨污分流设施：• 如有接通雨水、污水管网,实现雨污分流
			其他污染物控制设施设备：• 建筑符合 GB 50118 的有关规定; • 装饰、装修采用环保材料; • 设置明显的禁烟标志; • 设置有规范的垃圾分类收集装置
宣传教育	师资建设		• 教师上岗前,均完成专业学习或专业机构培训,且人数满足教学活动量需求; • 定期对教师开展专业技能评估及考核; • 定期招募、培训志愿者,开展导览、教学活动
	教育开发	宣传材料	• 结合地区及学校特色,编制并定期更新符合不同认知水平的教学材料; • 结合学校环境资源条件,设计至少一套开展自然教育的书面或影像宣传材料,向来访者适当分发或播放
		媒体资源	• 有定期更新的官方网站、官方应用程序、微信、微博等导览、宣传平台; • 有官方网站、官方应用程序、微信、电话等多元化预约通道

续表

评价大类	评价小类		评价具体标准
宣传教育	教育开发	教学活动	●结合地区及学校特色，制订科学合理的教学体系及计划； ●设计至少三套符合不同认知水平的课程（其中至少一套为学校特色课程），课程教学大纲清晰，教案翔实； ●设计适合场地的自然教育活动方案； ●课程活动形式多样，包括但不限于室内授课、实践体验（如动植物观察）、学员分享等
		公益活动	●积极参与环境保护公益活动； ●与学校相关课程结合，每年为学生举办至少两场公益型环境教育实践活动； ●每年针对主要的生态环境节日，结合自身条件，开展有特色的宣传教育活动； ●拥有至少十人的环境保护志愿者队伍，不定期开展志愿服务活动
	环境管理		●制定禁烟制度，采取有效禁烟措施； ●垃圾依规分类收集； ●次性制品的使用得到有效控制
运营管理	安全管理	安全制度与预案	●有完善的安全制度，有应对突发事件、极端天气和重大事故的安全预案
		安全员	●每次活动配备至少1名安全员，安全员定期接受急救、消防等安全培训； ●有简单处理突发伤病的能力，熟悉周边医疗资源，保障病伤者及时转送医院； ●活动前，对来访者进行安全宣导
		经费来源	●合法、多元、稳定，能保障学校基本运营
		活动台账	●宣传教育活动台账完整
		交流反馈	●开展对外交流、合作项目； ●设有多种社会评价反馈途径，定期收集公众及相关部门、机构的评价与反馈； ●分析收集到的评价与反馈，并用于改善学校建设和运营管理

续表

评价大类	评价小类	评价具体标准
成效	生态环境效益	● 生态保育、环境管理工作有显著成效
	宣教成效	● 在生态展览、生态环境教育培训、科普宣传方面起示范作用，成绩突出
	荣誉与奖励	● 获得市级及以上生态环境保护类或宣传教育类荣誉称号、表彰奖励
	信息传播	● 在学术期刊、传统媒体、新媒体上发表生态环境保护相关的论文或文章； ● 获得市级及以上媒体的正面报道

三 大数据时代"自然学校"的体系优化

（一）搭建"自然学校"网络平台，完善志愿者老师管理

深圳自然学校的相关志愿者老师面临着招募困难、培训师资薄弱、管理不到位等各类问题，导致志愿者流失率较高。[①] 在未来"自然学校"的发展过程中，可以搭建"自然学校"的网络平台，对"自然学校"的志愿者老师们进行线上的招募、培训、考核、服务和管理，让专业的环境专家对其开展系统、完善、全面的线上教育，并通过一定的激励方式加以维护，对人才进行统筹管理，以保证志愿者的稳定性，同时可以提高相关师资的质量。

（二）充分利用大数据等技术，优化"自然学校"的教学模式与内容

进入大数据时代以后，线上教育成为"互联网＋"经济板块中非常亮眼的一个领域，特别是 2020 年以来，网络信息技术平台被广泛应用，远程教育替代了很多的面授教育。对"自然学校"的未来发展而言，大数据等先进技术的使用也不可或缺。

虽然"自然学校"强调体验感，但这并不可以否定"自然学校"在未来发展过程中针对更广泛群体的环境教育的功能。第一，未来"自然学校"的发展，可以通过对参与"自然学校"当中的

---

① 何显红等：《深圳自然教育志愿者培育和激励机制：以华侨城湿地自然学校为例》，《湿地科学与管理》2020 年第 4 期。

人群进行数据分析，了解公众对于相关环保信息的兴趣点，有针对性地开展深度的环境教育。[①] 第二，"自然学校"的教学内容可以运用到更多的数据分析和场景呈现，更直观地将相关的环境教育内容可视化呈现，以提升公众对于教学内容的兴趣。第三，"自然学校"可以将目标群体拓宽到更广泛的公众群体当中，依托已有的环境教育资源优势，开发系统化的线上环境教育课程，惠及更多公众。

（三）充分利用大数据等技术，健全"自然学校"的评估机制

标准化建设是提升"自然学校"质量和品质的关键。虽然现在全国已建成近百所"自然学校"，但是相关的评估和管理工作仍在探索当中。建议建立"自然学校"的网络平台，对全国的"自然学校"进行全面系统的评估，对其公众的参与度、影响力、相关环境宣教的阅读量等做出合理评估，同时设立相关的激励机制，以促进"自然学校"后期的良好运营。[②]

第四节　深圳"志愿者河长制"的实践与探索

完善共建共治共享的环境治理格局，是实现环境治理现代化的重要路径。而"水"，由于同公众的切身利益息息相关，往往更能引发公众参与治理的意愿。深圳从最难的"九龙治水"的"治水"出发，通过创建了"志愿者河长制"加强公众治水，同时提升了在治水过程中政府与公众的协商和沟通。

一　深圳"志愿者河长制"的创建背景及历程

（一）深圳"志愿者河长制"的创建背景

深圳有限的土地和水资源承载着巨大的经济总量、人口和工业企业。同时，深圳的河流普遍短小、径流少，缺乏生态基流，同巨

---

① 葛洋等：《浅析新时期生态环境教育的实现路径》，《环境教育》2021年第6期。
② 张晨：《大数据时代下环保人的宣教工作》，《环境教育》2021年第4期。

大的污染负荷相比其环境容量较小。因此，水污染问题是深圳环境治理领域的短板，深圳的跨界河流水质达标难度较大，黑臭河流治理任务较重。近年来，深圳在治水方面出台诸多举措，投入了大量资金，按照"节水优先、空间均衡、系统治理、两手发力"的原则，以"水资源、水安全、水环境、水生态、水文化"五位一体的理念统领治水工作①，深圳投入了大量的资金、开展污水治理建设项目，同时通过采取"按日处罚、限产停产、查封扣押、行政拘留"等硬手段，严格环保执法、提升环境标准。而"河长制"的体系化建设，也是深圳打赢治水提质攻坚战的重要举措。

"河长制"是近年来地方流域管理的创新方式，具体指的是由各级党政主要负责人对具体河流进行负责，担任"河长"，如果辖区内的河流污染了，那么"河长"需要对此负责。"河长制"是从河流水质改善领导督办制、环保问责制所衍生出来的水污染治理制度。② 深圳是较早推行"河长制"试点的城市之一，2012 年深圳宝安区就开始探索实施"河长制"，2017 年深圳出台了《全面推行河长制实施方案》，将河流流域治理和沿岸管理推向一个新维度，构建了全市 754 名领导干部担任市、区、街道、社区四级河长，实现河长制的全覆盖。在建立"河长制"体系的同时，深圳建立了"河长制"的分级考核问责机制，将"河长制"实施情况纳入年度目标管理。同时，深圳也较早意识到，治水不是"自上而下"的行政管制，还需要纳入公众的力量，完善共建共治共享的治水格局，因此，深圳创设了与"官方河长"对应的"志愿者河长制"。

（二）深圳"志愿者河长制"的创建历程

2016 年 12 月 11 日，国家颁布了《关于全面推行河长制的意见》，深圳也快速行动起来，开始全面实施和落实"河长制"，并首先提出了系统性打造"志愿者河长制"。按照深圳河段分布的情况，根据"属地对接、分段负责、网格管理"的原则，组建了 702 名志

---

① 深圳市水务局官网：http://swj.sz.gov.cn/ztzl/ndmsss/szswrzl/，2021 年 10 月 2 日。

② 深圳市水务局官网：http://swj.sz.gov.cn/ztzl/jcjdzt/qmsshzz/，2021 年 10 月 20 日。

愿者河长队伍。同时，组建了"河小二""护水骑兵""大学生治水联盟""红领巾河小二"等队伍，作为志愿者河长的补充力量。2017 年，"志愿者河长制"在深圳 6 条重点流域，建设了 6 个实体化、阵地化运作的护河志愿服务 U 站，设立了 92 个常态化志愿服务监测点。2018 年，深圳又创设了志愿者河长论坛，发起志愿者河长联盟，成立志愿者河长学院，注册志愿者河长联合会，注入志愿者河长基金等，这些举措为保障"志愿者河长制"的专业化发展、可持续发展起到了支撑性的作用。①

二　深圳"志愿者河长制"的运行体系

（一）深圳"志愿者河长制"的人员体系

1. 初始依托环保组织组建的"民间河长制"

"民间河长制"顾名思义是以公众为主体作为河长，参与河流治理的创新制度。为了更好地配合和支持深圳所构建的四级"官方河长"开展水治理工作，在水治理领域构建完善的公众参与机制，2017 年，深圳市绿源环保志愿者协会（以下简称"绿源"）联合深圳晚报向社会公开招募"深圳民间河长"。同年，首批 45 位"深圳民间河长"受聘上任。这些民间河长来自各行各业，有人大代表、企业管理人员、环境专业人员、律师、学生等。这些河长通过公开报名、筛选、培训和考核审定进而被聘为"深圳民间河长"。2014—2020 年，深圳培养了 6 批共 143 位"深圳民间河长"（包含流域污染监督员），巡护足迹遍布深圳市 250 多条河流，50 多个水源保护区，开展了 96 次宣传倡导活动，直接参与者超过了 2900 人次。共计向有关部门反映水环境问题 953 起，促进其中 248 起得到有效整改。

在身体力行守护河流的同时，民间河长们还起到了环境决策参与、上传民意、搭建官方河长与市民沟通桥梁的重要作用。2017—2020 年，"深圳民间河长"先后作为代表参与了 38 次由市、区河长办、水务部门、人大、政协组织的水环境治理相关会议，联合调研

---

① 雷雨若、唐娟主编：《社会治理的"先行示范"：深圳实践》，重庆出版社 2020 年版，第 156—159 页。

活动、治水提质工作会议，向相关部门展开提案、提议 10 份。①

图 11 - 9 "深圳民间河长"开展培训和实践活动②

2. 依托各级力量组建志愿者团队配合民间河长工作

深圳的志愿者河长制中除了河长们，还包括了"河小二""护水骑兵""大学生治水联盟""红领巾河小二"等队伍，目前参与治水的志愿服务队伍已经超过全市志愿者比例的 10%。如今，全市已经建成了市、区、街道和社区四级完善的"河小二"护河治水志愿者网格体系，配合志愿者河长的工作。③

（二）深圳"志愿者河长制"的实践体系

1. 深圳"护河特色 U 站"创建

深圳于 2011 年举办了世界大学生夏季运动会，在"大运会"期间，为了能更好地服务运动员、工作人员、观赛者、普通市民和游客，深圳在全市建设了 800 多个 U 站。一个 U 站只有一间报刊亭的大小，是由废旧集装箱改造而成的。"大运会"结束后，很多 U 站仍然被保留下来，成了为市民服务和城市管理的重要平台，而很多 U 站也开始有自己的主题，比如科普类 U 站、志愿者服务 U 站等。

---

① 资料来源于深圳市绿源环保志愿者协会：《碧水流深·绿源微观察（2014—2020年）》，https：//pan. baidu. com/s/1S2RCvwkTvAlN4XoF81OaHA？_at_ = 1632973706659，2022 年 2 月 4 日。

② 图片来自于绿源者愿者官网，http：//www. szhb. org/13702. html，2022 年 2 月 4 日。

③ 雷雨若、唐娟主编：《社会治理的"先行示范"：深圳实践》，重庆出版社 2020年版，第 160 页。

图 11 - 10　深圳各类 U 站①

2017 年深圳在 6 条重点河流域建设了 6 个实体化、阵地化运作的"护河特色 U 站"。根据公开的资料显示，"护河特色 U 站"有四个功能，即"一个中心，三个基地"。"一个中心"指的是 U 站

图 11 - 11　深圳护河 U 站②

---

① 图片来自于网络。
② 图片来自于沙河尚护河 U 站服务指引，https：//weibo.com/ttarticle/p/show？id = 2309404277619683163295，2022 年 2 月 15 日。

将发挥河道护水志愿服务职守中心的功能；"三个基地"指的是 U
站将成为深圳的水环境保护基地、青少年环境教育实践基地、水环
境保护志愿者服务组织孵化和项目交流基地。①

2. 政府和公众协商对话平台搭建

深圳的"志愿者河长制"搭建了政府与公众协商对话的圆桌会
议平台，通过座谈、调研等形式进行沟通协商。同时，"志愿者河
长制"同深圳市水务局、城管、街道办等职能部门建立了有效的沟
通反馈机制，其治水的相关意见得到了积极的回应。

（三）深圳"志愿者河长制"的支持体系

2018 年，深圳创立了志愿者河长论坛，发起了志愿者河长联
盟，成立了志愿者河长学院等，这些联盟和学院为"志愿者河长
制"提供了充足的资金、人员，并开展了专业化的培训。

三　深圳"志愿者河长制"的借鉴意义

（一）搭建政府与公众的沟通平台，促进水治理领域的公众
参与

无论是"深圳民间河长制""护河特色 U 站"还是"河小二"
的创新举措，都是希望能够搭建"官方河长"与公众的无障碍沟通
平台，从传统的"自上而下"的环境规制理念走向"自下而上"的
环境善治。深圳在创设系列公众参与治水的举措的同时，也十分重
视"官方"与"民间"通道的共融和共通。2017—2020 年"深圳
民间河长"参与市、区水务部门、河长办工作会议、联合调研 21
次。公众参与治水，更积极的意义在于，增进了政府和公众之间的
了解和信任，增进了政治团结和社区整合，同时提升了政治系统的
回应能力，促进了政府决策制定和执行的合法化，使得公众更加理
解和服从公共政策。②

①　《护河治水的浪潮在这里涌动》，https：//www. sohu. com/a/260340841_675286，
2022 年 2 月 2 日。

②　Carroll, Barbara Wake, and Terrance Carroll. "Civic networks, legitimacy and the policy
process", *Governance*, Vol. 12, No. 1, 1999, pp. 1 – 28. 转引自马斌《政府间关系：权力配置与
地方治理：基于省、市、县政府间关系的研究》，浙江大学出版社 2009 年版，第 32 页。

（二）通过技术赋能，拓宽环境公众参与的渠道

一方面，志愿者河长同深圳各职能部门建立了有效的信息反馈渠道，依托微信群、QQ 群等，通过互联网、手机移动端等载体，以拍照举报、视频反馈、书面抄送等方式直接反馈。①

另一方面，深圳搭建的"河务通"信息管理平台，实现了河务管理的全流程一体化管理，并开通了公众参与的渠道和平台。2018年，深圳市的河务通系统上线，标志着深圳的治水工作逐步迈进了"互联网＋河长制"的河流管理模式。该系统使用的方式有桌面浏览器、移动终端、大屏显示系统等，方便不同用户在不同场景下进行管理（详见图 11 – 12）。"河务通"系统最大的优势是可以完善深圳建立的四级官方河长制的责任体系，并结合河道的巡查、办

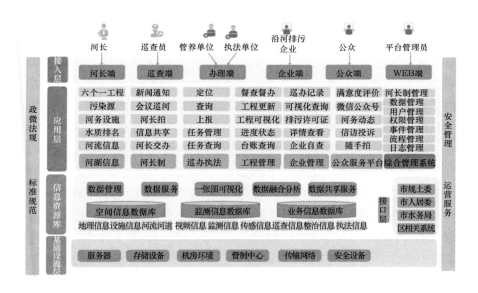

图 11 – 12　河务通系统总体结构②

---

① 雷雨若、唐娟主编：《社会治理的"先行示范"：深圳实践》，重庆出版社 2020年版，第 161 页。

② 图片来源自陶韬等《河务通系统在"河长制"实践中的应用》，《人民珠江》2020 年第 8 期。

理、监督、结果上报等形式，形成河长制管理流程的闭合管理。①同时，"河务通"系统开发了公众的客户端，建立了微信平台与其对接。公众可以通过河务通的微信平台进行咨询和环境举报。

本章小结

环境公众参与是环境治理现代化的重要一环，在共建共治共享的现代化环境治理体系当中，公众既是环境权利的享有者，也是环境事务的参与者。环境问题复杂多样，公众参与可以弥补政府在环境决策时的地方性知识的不足，提升环境政策的科学性和合理性，同时可以打破政府在官僚体系内的封闭式决策，促进环境政策制定的程序正义，而且，参与也让公众在实践过程中不断提升自身的环境意识和理念，促使其更好地参与环境公共事务。

进入大数据时代以后，以互联网、移动客户端为代表的新媒体改变了环境公众参与的传统模式，公众参与逐步从实体类参与走向虚拟性参与，从浅层参与走向深度参与，从议题被动参与走向议题主动参与，从单向度信息流动模式走向双向公共协商模式。整体而言，新媒体和新技术为环境公众参与提供了更广阔的平台，并且参与模式不受时空限制，大大激发了公众参与的积极性，也大大降低了公众参与的技术难度。环境公众参与的主体变得更加多元，参与方式变得更加多样，而所产生的影响力也变得更加深刻。在科技所重新塑造出的网络社会当中，由于公众的话语权被完全重构，网络社区具有更好的凝聚利益群体的作用，公众在虚拟世界中的舆论影响力大大加强了，同时也促使政府改变了传统的管理模式，以更新的互联网思维展开环境治理。

深圳作为全国最为智慧的城市之一，也在不断探索，促进环境公众参与领域的创新改革。其中"碳币"制度、"自然学校"的创建和"互联网"＋"河长制"的治水模式探索，为其他省市地方构建共建共治共享的环境治理体系贡献了深圳智慧。

"碳币"制度的设计目的是通过经济刺激的方式，激励公众和

---

① 陶韬等：《河务通系统在"河长制"实践中的应用》，《人民珠江》2020年第8期。

小微企业个体开展绿色环保行为，改变消费方式，身体力行开展节能减排。"碳币"通过对公众和企业个体的行为体系进行价值评估和衡量，转化为可以进行交易和兑换的"碳币"，进而激发公众和企业开展绿色行为。"碳币"服务平台的建立离不开大数据、物联网、互联网等先进的技术，但是"碳币"制度的理念精髓，是运用科技和新媒体将公众纳入环境治理的日常实践，将环境知识的宣传、环境理念的塑造、环境意识的提升通过促进公众日常的环境实践而展开。而"碳币"制度本身的良好运行，也是运用了大数据思维，打破了部门之间的数据壁垒，由多部门协作共建而完成的。

"自然学校"是环境教育的一种方式，深圳是我国"自然学校"的发源地。自然学校强调公众从生态自然的体验中呼唤人性，引发公众对人与自然关系的深层次思考，进而提升其环境意识和激发其环境行为。环境教育宣传也是环境公众参与的重要部分，实际上，公众是否有展开公众参与的意愿，同其环境意识息息相关。"自然学校"在深圳的建设过程中，正逐步走向"标准化"。进入大数据时代，"自然学校"应依托各类先进技术，逐步完善网络平台的系统搭建、建立更为完善的评估评价体系，保障"自然学校"的标准化建设，提升其教育教学的质量，扩大"自然学校"的教育和知识传播的功能。

"水治理"几乎是每个城市的难题，与水相关的治理涉及环保、国土、水务、林业、城管等多个部门，常年来由于"九龙治水"的部门分割式治理，一直让"水治理"陷入困境。在实践中，为了能让水治理走向以"要素"治理的全流程治理，明确部门职责和优化部门协同，于是诞生了"河长制"。而深圳以"志愿者河长制"完善了共建共治共享的水治理格局。同时，深圳依靠技术力量，搭建了智慧治水的平台"河务通"，为提升政府的环境治理能力、优化"河长制"的管理流程、促进环境公众参与提供了切实可行的方案。而实际上，公众参与治水，除却对治水效果的提升外，其更积极的意义是通过治水这一环境治理实践，搭建公众与政府在环境公共事务方面的沟通平台，促进政府环境决策制定和执行的合理合法化，并增进政府和公众之间的了解。

附录 深圳环境治理现代化
典型创新案例汇总

领域	名称	具体内容
干部环境考核领域	深圳 GEP 核算制度	深圳市 GEP 核算制度是一项最早在盐田试行，后在全市推广的生态系统总产值核算制度。数据来源涵盖全市 18 个环境部门，核算结果每年 7 月份定期向全体市民公开，市民可以通过查询手机等设备直接查询 GEP 数据，了解全市生态环境建设情况，对生态环境建设提出批评建议
	深圳生态文明官员考核制度	深圳市将生态文明建设纳入官员考核指标，考核结果由市委常委审定，作为官员晋升和干部任用的重要依据之一。为确保考核结果公平公正，考核引入政协委员、专家教授、企事业单位代表等作为第三方评审团进行现场评审，同时通过电话、问卷、入户调查等方式吸收公众意见纳入考核指标
智慧化环境监测与污染治理领域	深圳"河务通"系统	深圳市"河务通"系统包括河长端、巡查端、执法整治端、企业端、公众端、智慧管理后台六大端口。管理部门、企业、执法部门、河长和公众可以通过同一平台实现交流和互动，提高巡查、监管、整改、监督、批评建议等各环节的工作效率，实现河湖治理现代化
	深圳空气立体监测系统	深圳的空气立体监测体系具体由"1 塔 6 站"构成，可以对全市范围内的空气质量进行立体监控。其中 1 塔是一个塔高 356 米的空气监测塔，是目前亚洲最高、世界第二的环保观测塔，6 站是在深圳的松岗、小南山、杨梅坑、大学城、莲花山和吓陂村布设的 6 个地面监测站

续表

领域	名称	具体内容
智慧化环境监测与污染治理领域	深圳大气"一街一站"监测系统	深圳大气"一街一站"监测系统是指在每个街道都有一个 PM2.5 监测站点,可以对大气质量进行全方位监测,精准判断重点污染区域。同时,该系统可以对全市 74 个街道的 PM2.5 实时浓度进行排名,公众可以通过手机 App、微信小程序、微信公众号进行实时查询
	深圳生态环境执法"一张图"	深圳市生态环境执法"一张图"是指深圳市针对工业污染源,采取智能监控加线上协同治理的污水治理模式。监测系统根据监测情况自动预警,监管单位统一调度,运维部门线上提交整改报告,对污水治理过程进行全过程全链条跟踪,使污水治理工作在系统内实现闭环管理
	危险废弃物、电磁辐射在线全过程管理系统	深圳市运用 RFID(射频识别)技术和物联网技术对医疗废物转移智能化监控系统;在电磁辐射管理方面,利用 IT 技术、网络管理模式、GIS、GPS 等技术,建立了深圳市电磁辐射智能监管系统,对电磁辐射源构建全过程全方位管理,使危险废弃物转运和电磁辐射源工作的全过程都处于严格的监管控制之下,最大限度避免发生意外事故
	深圳"天地网"	深圳"天地网"系统包含"天眼、人眼、电子眼、智慧眼"等全方位监控体系,构筑了"天上看、地上查、视频探、网上管"的综合立体监管体系,确保环境监管过程"可视化、落地化"
	深圳大鹏海洋监测系统	深圳大鹏新区目前设置了 8 个在线自动监测浮标、2 对高频地波雷达,可以对深圳东部海域海洋环境实现全天候立体监测
	深圳大鹏生态环境动态监测系统	大鹏生态环境动态监测系统建成了含水、气、声、土壤、海水、污染源、电磁辐射等多元素一体的生态环境监测网络。具体包括:利用机动车尾气遥感监测技术,对车辆尾气实现实时在线监测;开展高压走廊电磁辐射在线监测,探索电磁辐射对周边环境造成的各类影响;开展细菌在线监测,并自动通报水质检测结果,利用卫星遥感进行数据识别,对裸露地块进行治理等

续表

领域	名称	具体内容
智慧化环境监测与污染治理领域	环保警察	为解决环境执法的短板，2017 年深圳原人居委挂牌成立了"打击污染环境违法犯罪办公室"，同治安部门合作打击环境污染违法行为，对于环境违法犯罪案件，公安机关可以提前介入，提高执法效率，增强打击环境违法犯罪的震慑力
	企业环保主任	环保主任制要求各排污单位至少配备一名环保主任，其中重点排污单位的环保主任必须为专职。同时要求环保主任对内严格审查企业排污情况，对外配合有关部门开展环境安全和环境应急工作
	"查管分离"环境执法模式	为解决监管过程中查处违法工作和日常管理工作混同造成的人力资源不足和可能发生的权力寻租，深圳市将办案执法与日常管理分离，抽出精干力量单设执法办案分队，不再直接对企业进行日常管理，专门查办案件，厘清开展日常监管工作的一线监管执法人员的权力和责任边界，压缩其对企业内部管理直接干预的空间和影响，降低廉政风险
	"点菜式"环境随机抽查执法机制	通过在全市重点排污企业名单中以数字组号的方式随机"点菜"，在严格保密的情况下直赴现场开展突击检查
	工地噪声监管"远程喊停"模式	深圳市生态环境局坪山管理局首创工地噪声监管"远程喊停"模式，借助科技手段，为环境监管赋能，对在建工地实行 24 小时实时监控，破解建设项目因超时施工导致噪声扰民投诉量剧增的难题
智慧环境政务	深圳城市运营管理中心	深圳城市运营管理中心一方面通过各种集成技术，实现视频监控、传感网络与业务系统的智能协同，达到城市运行管理事件从自动发现警报到协同业务系统完成处理的全过程管理与控制，支撑智慧城市各部门、各系统建立快速、高效的联动协同机制。另一方面，依托庞大的数据基础为各级领导提供全面准确的城市运行信息，为城市领导者提供智能决策

续表

领域	名称	具体内容
智慧化环境应急领域	深圳智慧安监综合监管平台	智慧安监综合监管平台是指利用大数据，整合监管资源，对排查、巡查发现的安全隐患问题第一时间自动分拨，对办理、流转、整改、事故发生特点及规律分析等流程全链条跟踪，闭环管理隐患，提高监管效能
	深圳巨灾保险	深圳巨灾保险是由深圳市级财政全额出资购买巨灾保险，由人保财险、太平洋财险、太平财险、国寿财险、平安财险5家保险公司组成的"共保体"承保，保障全体市民的灾害救助服务
	环境污染强制责任保险信息平台	环境污染强制责任保险信息平台将企业，保险公司和监管部门紧密联系在一起。企业可以通过平台实现"千企千面"保费测算、选择保险公司、项目概况查阅和保单查询，同时享受监测设备在线预警、环保管家咨询、环保培训、企业环保风险档案等多方服务。保险公司通过平台可实现投保数据统计、投保单位风险分析和业务管理。监管部门则可通过平台实现智慧化监管，实时掌握企业投保、续保情况，据此推动相关惩处和激励政策
低碳城市与无废城市建设领域	"互联网+"垃圾分类	深圳市开发"互联网+分类回收"大数据监管平台和手机App监管平台：一方面对垃圾收运处理进行全过程监控和记录，实现随机统计查询和动态监管，防止垃圾偷运、非法外运等现象发生；另一方面对不同季节，不同小区垃圾种类加以监控，提高垃圾回收效率
	深圳"回收哥"O2O分类回收平台	该回收平台是利用手机App、微信和网站，打造资源聚集、资源交易、资源收益的O2O电子商务模式：市民可以通过订单预约线下的回收小哥上门，开展资源回收活动
	深圳固体废物全过程智慧监管	深圳市对固废产废、运输、处置环节的全流程覆盖监管；通过对全过程数据多挖掘分析，对固废超期贮存、处置能力不足、非法倾倒等场景实现智能预警；利用视频同步调度企业，实现远程规范化巡检，全过程跟踪企业整改反馈，节省执法人力，提高工作效率

领域	名称	具体内容
低碳城市与无废城市建设领域	碳排放交易试点	深圳市制定了《深圳市碳排放权交易管理办法（试行）》确保碳交易顺利实施；对电力、供水和燃气企业实行基准值配额分配方法；对这 3 个行业以外的制造业企业基于单位工业增加值碳排放进行分配，并在履约时可根据实际产出对配额进行规则性调整；对配额分配的标准、方式和程序进行了明确规定，保证公平、公开、透明
智慧化环境公众参与领域	"碳币"制度	深圳市创新使用碳币制度，建立"碳币"服务平台，公众可以通过乘坐公共交通工具、分类回收垃圾，参加生态文明公益活动、线上答题等方式获取碳币，并且可以在手机、电脑等端口自助使用碳币兑换燃气、电力、水务等奖励
	"自然学校"	深圳市"自然学校"是由深圳市人居环境委员会和深圳市城市管理局借鉴国外自然学院创办经验引进的。学校主动邀请环保专家对深圳"自然学校"志愿讲解员进行培训，再由这些志愿者担任"自然学校"的讲师，通过这些志愿者讲师的讲解和宣传培养市民的环保理念
	志愿者河长制	深圳市为强化河流治理效果，充分发挥公众参与、监督作用，按照深圳河段分布的情况，根据"属地对接、分段负责、网格管理"的原则，组建了 702 名志愿者河长队伍参与全市水环境治理"查""评""议""宣"等工作。同时创设了志愿者河长论坛、发起志愿者河长联盟、成立志愿者河长学院、注册志愿者河长联合会、注入志愿者河长基金等保障志愿者河长工作积极性
	"随手拍"	深圳市"随手拍"线上举报平台接入了市交通部门、控烟协会、深圳市文明、深圳市生态环境局、城管局等监管部门，市民可以对生活在的违法行为随手拍照上传，积极行使监督权力。同时"随手拍"系统还采用经济激励的方式鼓励公众参与，市民通过"随手拍"获得的积分可以兑换话费等经济激励

续表

领域	名称	具体内容
环境智慧司法领域	鹰眼查控系统	深圳鹰眼查控系统对全市两级法院司法资源进行统筹，重构业务数据，实现历史数据实时查询；简化业务流程，整合司法能力，提高案件办理效率；集约外勤出差、用车、用警事项，提高工作效率
	巨鲸智平台	深圳市巨鲸智平台采用要素式审理方式简化案件办理流程，对于一些简易案件采用线上立案、线上开庭、线上审判、线上文书送达和财产线上执行的方式进行审判。实现立案、审判、执行的全流程线上办理，既提高了法院司法效率，又降低了群众诉讼成本
其他	环保信贷	深圳银监局与深圳市环保部门建立绿色信息共享机制，环保部门定期向银监部门提供企业环境违法、环保信用评级、清洁生产企业等信息，银监部门督促辖区内银行把这些信息纳入授信管理，严格执行差别化的信贷政策，通过信贷奖惩机制倒逼企业绿色经营
	环境违法企业公开道歉承诺激励制度	环境违法企业公开道歉承诺激励制度，具体指的是环境违法企业及其法定代表人，在环境行政处罚决定作出之前，如果可以主动改正其环境违法行为，并在深圳主流媒体上以企业及法人双具名形式进行公开道歉、作出环境守法承诺的，可以按照罚款标准的50%减轻处罚。降低后的罚款额低于法定最低罚款额的，按法定最低罚款额处罚
	自然资源资产数据库管理系统	深圳市建立的自然资源资产数据库管理系统，每年核算自然资源资产价值，编制自然资源资产负债表，使深圳市自然资源资产情况清楚直接地呈现在管理部门眼前，为管理决策提供数据支撑

参考文献

一　中文著作

车秀珍等：《深圳生态文明建设之路》，中国社会科学出版社 2018 年版。

陈家刚：《协商民主与国家治理》，中央编译出版社 2014 年版。

陈潭等：《大数据时代的国家治理》，中国社会科学出版社 2015 年版。

郭少青：《论中国环境基本公共服务的合理分配》，中国社会科学出版社 2016 年版。

胡惠林：《国家文化治理：中国文化产业发展战略论》，上海人民出版社 2012 年版。

金江军、郭英楼：《智慧城市：大数据、互联网时代的城市治理》，电子工业出版社 2016 年版。

雷雨若、唐娟主编：《社会治理的"先行示范"：深圳实践》，重庆出版社 2020 年版。

林旸川：《互联网 + 法制思维与法律热点问题探析》，法律出版社 2016 年版。

吕元礼等：《问政李光耀　新加坡如何有效治理》，天津人民出版社 2015 年版。

马斌：《政府间关系：权力配置与地方治理：基于省、市、县政府间关系的研究》，浙江大学出版社 2009 年版。

欧阳志云等：《面向生态补偿的生态系统生产总值（GEP）和生态资产核算》，科学出版社 2018 年版。

钭晓东：《论环境法功能之进化》，科学出版社 2008 年版。

汪先锋：《生态环境大数据》，中国环境出版社 2019 年版。

魏斌等编著：《生态环境大数据应用》，中国环境出版集团 2018
　　年版。

吴曼青：《物联网与公共安全》，电子工业出版社 2012 年版。

严励：《城市公共安全的非传统影响因素研究》，法律出版社 2015
　　年版。

姚新等：《智慧环保体系建设与实践》，科学出版社 2018 年版。

易建军：《智慧环保实践》，人民邮电出版社 2019 年版。

腾讯研究院：《互联网 + 时代的立法与公共政策》，法律出版社
　　2016 年版。

腾讯研究院等：《网络空间法治化的全球视野与中国实践》，法律出
　　版社 2016 年版。

中国互联网协会：《互联网法律》，电子工业出版社 2016 年版。

中国网络安全和信息化领导小组办公室政策法规局：《中国互联网
　　法规汇编》，中国法制出版社 2015 年版。

二　中文译著

［英］安东尼·吉登斯：《失控的世界》，周红云译，江西人民出版
　　社 2001 年版。

［英］安东尼·吉登斯：《现代性的后果》，田禾译，译林出版社
　　1999 年版。

［新］陈荣顺、［新］李东珍、［新］陈凯伦：《清水 绿地 蓝天——
　　新加坡走向环境和水资源可持续发展之路》，毛大庆译，团结出
　　版社 2013 年版。

［法］鲍德里亚：《消费社会》，刘成富、全志钢译，南京大学出版
　　社 2014 年版。

［美］戴维·约翰·法默尔：《公共行政的语言——官僚制、现代性
　　和后现代性》，吴琼译，中国人民大学出版社 2005 年版。

［德］克劳斯·施瓦布：《第四次工业革命：转型的力量》，李菁译，
　　中信出版社 2016 年版。

［美］罗伯特·B. 丹哈特、［美］珍妮特·V. 但哈特：《新公共服
　　务理论——服务，而不是掌舵》，丁煌译，中国人民大学出版社

2004 年版。

［美］罗伯特·亚当斯：《赋权、参与和社会工作》，汪冬冬译，华东理工大学出版社 2013 年版。

［美］曼瑟尔·奥尔森：《集体行动的逻辑》，陈郁等译，上海人民出版社 2009 年版。

［美］乔尔·科特金：《全球城市史》，王旭译，社会科学文献出版社 2010 年版。

［日］藤原洋：《精益制造 030：第四次工业革命》，李斌瑛译，东方出版社 2015 年版。

［日］尾木藏人：《工业 4.0：第四次工业革命全景图》，王喜文译，人民邮电出版社 2017 年版。

［德］乌尔里希·贝克、［英］安东尼·吉登斯、［英］斯科特·拉什：《自反性现代化》，赵文书译，商务印书馆 2001 年版。

［德］乌尔里希·贝克：《风险社会》，何博闻译，译林出版社 2004 年版。

［新］约西·拉贾：《威权式法治：新加坡的立法、话语与正当性》，陈林林译，浙江大学出版社 2019 年版。

三　中文论文

白玛卓嘎等：《基于生态系统生产总值核算的习水县生态保护成效评估》，《生态学报》2020 年第 2 期。

白杨等：《云南省生态资产与生态系统生产总值核算体系研究》，《自然资源学报》2017 年第 7 期。

鲍静：《全面建设数字法治政府面临的挑战及应对》，《中国行政管理》2021 年第 11 期。

毕晓丽等：《基于 IGBP 土地覆盖类型的中国陆地生态系统服务功能价值评估》，《山地学报》2004 年第 1 期。

蔡守秋：《第三种调整机制——从环境资源保护和环境资源法角度进行研究（上）》，《中国发展》2004 年第 1 期。

蔡守秋：《第三种调整机制——从环境资源保护和环境资源法角度进行研究（下）》，《中国发展》2004 年第 2 期。

蔡守秋：《论政府环境责任的缺陷与健全》，《河北法学》2008 年第 3 期。

曹海军：《新区域主义视野下京津冀协同治理及其制度创新》，《天津社会科学》2015 年第 2 期。

曹海林等：《公众环境参与：类型、研究议题与展望》，《中国人口·资源与环境》2021 年第 7 期。

常纪文、刘凯：《新环保法实施，多少成效？多少问题？》，《环境经济》2005 年第 ZA 期。

常杪等：《环境大数据概念、特征及在环境管理中的应用》，《中国环境管理》2015 年第 6 期。

陈刚、蓝艳：《大数据时代环境保护的国际经验及启示》，《环境保护》2015 年第 19 期。

陈海嵩：《绿色发展中的环境法实施问题：基于 PX 事件的微观分析》，《中国法学》2016 年第 1 期。

陈昊：《"一街一站"让深圳大气治理走向精细化》，《环境》2018 年第 10 期。

陈万球、石惠絮：《大数据时代的城市治理：数据异化与数据治理》，《湖南师范大学社会科学学报》2015 年第 5 期。

董天等：《鄂尔多斯市生态资产和生态系统生产总值评估》，《生态学报》2019 年第 9 期。

董战峰等：《深圳生态环境保护 40 年历程及实践经验》，《中国环境管理》2020 年第 6 期。

冯广明：《3S 技术在智慧环保领域中的应用》，《河南科技》2013 年第 5 期。

冯晓青、胡少波：《互联网挑战传统著作权制度》，《法律科学》2004 年第 6 期。

冯晓青：《数据财产化及其法律规制的理论阐释与构建》，《政法论丛》2021 年第 4 期。

傅毅明：《大数据时代的环境信息治理变革》，《中国环境管理》2016 年第 4 期。

葛洋等：《浅析新时期生态环境教育的实现路径》，《环境教育》

2021 年第 6 期。

辜胜阻等：《当前我国智慧城市建设中的问题与对策》，《中国软科
学》2013 年第 1 期。

古小东、夏斌：《生态系统生产总值（GEP）核算的现状、问题与
对策》，《环境保护》2018 年第 24 期。

关婷、薛澜、赵静：《技术赋能的治理创新：基于中国环境领域的
实践案例》，《中国行政管理》2019 年第 4 期。

郭尚花：《我国环境群体性事件频发的内外因分析与治理策略》，
《科学社会主义》2013 年第 2 期。

郭少青：《大数据时代的"环境智理"》，《电子政务》2017 年第
10 期。

郭巍青、陈晓运：《垃圾处理政策与公民创议运动》，《中山大学学
报》（社会科学版）2011 年第 4 期。

郭武：《论中国第二代环境法的形成和发展趋势》，《法商研究》
2017 年第 1 期。

郭叶波：《城市安全风险防范问题研究》，《中州学刊》2014 年第
6 期。

何浩等：《中国陆地生态系统服务价值测量》，《应用生态学报》
2005 年第 6 期。

何显红等：《深圳自然教育志愿者培育和激励机制：以华侨城湿地
自然学校为例》，《湿地科学与管理》2020 年第 4 期。

何艳玲：《"中国式"邻避冲突：基于事件的分析》，《开放时代》
2009 年第 12 期。

胡洪彬：《大数据时代国家治理能力建设的双重境遇与破解之道》，
《社会主义研究》2014 年第 4 期。

华启和：《邻避冲突的环境正义考量》，《中州学刊》2014 年第
10 期。

季卫东：《大数据时代隐私权和个人信息保护研究》，《政治与法律》
2021 年第 10 期。

蒋洪强等：《生态环境大数据研究与应用进展》，《中国环境管理》
2019 年第 6 期。

金玉婷：《〈自然学校指南〉正式发布》，《世界环境》2016 年第 1 期。

晋海：《论我国环境法的实施困境及其出路》，《河海大学学报》（哲学社会科学版）2014 年第 1 期。

赖旭等：《盐田区以"碳币"为核心的生态文明公众参与机制分析研究》，《能源与环境》2020 年第 1 期。

劳事查：《深圳清水河"8·5"爆炸事故调查》，《劳动保护》2015 年第 9 期。

李健：《城市建设—社会管理：基于双重需求的智慧城市推进路径》，《上海城市管理》2017 年第 1 期。

李健：《维也纳以"智慧城市"框架推动"绿色城市"建设的经验》，《环境保护》2016 年第 14 期。

李培君、单吉祥：《5G 在环保信息化中的应用分析》，《电脑知识与技术》2019 年第 32 期。

李文华等：《中国生态系统服务研究的回顾与展望》，《自然资源学报》2009 年第 1 期。

李祥、孙淑秋：《从碎片化到整体性：我国特大城市社会治理现代化之路》，《湖北社会科学》2018 年第 1 期。

李永友等：《我国污染控制政策的减排效果——基于省际工业污染数据的实证分析》，《管理世界》2008 年第 7 期。

林洁：《苏州、昆山等开发区招商引资中土地出让的过度竞争》，《改革》2003 年第 6 期。

凌向峰等：《基于 MSNS 的环境公共舆情监督系统》，《浙江理工大学学报》（自然科学版）2016 年第 3 期。

刘锐等：《智慧环保建设评价指标体系研究》，《中国环境管理》2018 年第 2 期。

刘细良、刘秀秀：《基于政府公信力的环境群体性事件成因及对策分析》，《中国管理科学》2013 年第 11 期。

刘友宾：《用信息公开的光芒驱散公众心中的雾霾》，《环境保护》2021 年第 13 期。

龙卫球：《再论企业数据保护的财产权化路径》，《东方法学》2018

年第 3 期。

卢文刚：《超大型城市公共安全治理：实践、挑战与应对》，《中国
　　应急管理》2015 年第 2 期。

卢文刚：《深圳市社会建设回顾及"十三五"展望》，《社会治理》
　　2016 年第 2 期。

陆安颉：《公众参与对环境治理效果的影响——基于阶梯理论的实
　　证研究》，《中国环境管理》2021 年第 4 期。

陆冬华、齐小力：《我国网络安全立法问题研究》，《中国人民公安
　　大学学报》（社会科学版）2014 年第 3 期。

路宏峰、吴泽婷：《"深圳标准"城市发展理念探究》，《中国标准
　　化》2017 年第 5 期。

栾彩霞：《大气污染治理，深圳的速度和标准》，《世界环境》2017
　　年第 4 期。

栾彩霞：《环境教育的推力和依托——从环境教育基地探索日本环
　　境教育》，《环境教育》2013 年第 6 期。

罗梁波：《"互联网＋"时代国家治理现代化的基本场景：使命、格
　　局和框架》，《学术研究》2020 年第 9 期。

吕凯波：《生态文明建设能够带来官员晋升吗？——来自国家重点
　　生态功能区的证据》，《上海财经大学学报》2014 年第 2 期。

吕忠梅：《生态文明建设的综合决策法律机制》，《中国法学》2014
　　年第 3 期。

吕忠梅：《再论公民环境权》，《法学研究》2000 年第 6 期。

吕忠梅等：《中国环境法治七十年：从历史走向未来》，《中国法律
　　评论》2019 年第 5 期。

马奔等：《当代中国邻避冲突治理的策略选择——基于对几起典型
　　邻避冲突案例的分析》，《山东大学学报》（哲学社会科学版）
　　2014 年第 3 期。

马波：《论政府环境责任法制化的实现路径》，《法学评论》2016 年
　　第 2 期。

马国霞等：《中国 2015 年陆地生态系统生产总值核算研究》，《中国
　　环境科学》2017 年第 4 期。

马小虎：《新媒体时代的公共政策创新研究——基于信息传播变革的视角》，《理论观察》2016 年第 4 期。

马长山：《智慧社会的基层网格治理法治化》，《清华法学》2019 年第 3 期。

欧阳志云：《开创复合生态系统生态学，奠基生态文明建设——纪念著名生态学家王如松院士诞辰七十周年》，《生态学报》2017 年第 17 期。

欧阳志云等：《生态系统生产总值核算：概念、核算方法与案例研究》，《生态学报》2013 年第 21 期。

欧阳志云等：《中国陆地生态系统服务功能及其生态经济价值的初步研究》，《生态学报》1999 年第 5 期。

潘耀忠等：《中国陆地生态系统生态资产遥感定量测量》，《中国科学（D 辑）》2004 年第 4 期。

潘禹等：《浅析"智慧环保"背景下的环保执法能力建设》，《科技致富导向》2014 年第 24 期。

潘泽泉、杨金月：《寻求城市空间正义：中国城市治理中的空间正义性风险及应对》，《山东社会科学》2018 年第 6 期。

彭爱华：《浅析大数据在环境治理领域的运用》，《资源节约与环保》2016 年第 7 期。

钱水苗：《政府环境责任与〈环境保护法〉修改》，《中国地质大学学报》（社会科学版）2008 年第 2 期。

钱小平：《环境刑法立法的西方经验与中国借鉴》，《政治与法律》2014 年第 3 期。

钱玉英、钱振明：《制度建设与政府决策机制优化：基于中国地方经验的分析》，《政治学研究》2012 年第 2 期。

乔坤元：《我国官员晋升锦标赛机制：理论与证据》，《经济科学》2013 年第 1 期。

邱桂杰、齐贺：《政府官员效用视角下的地方政府环境保护动力分析》，《吉林大学社会科学学报》2011 年第 4 期。

任丙强：《环境领域的公众参与：一种类型学的分析框架》，《江苏行政学院学报》2011 年第 3 期。

肖如林等：《基于互联网与遥感的网络环境舆情联动监控技术应用》，《环境与可持续发展》2016 年第 2 期。

沈国麟《大数据时代的数据主权和国家数据战略》，《南京社会科学》2014 年第 6 期。

沈晓悦等：《我国雾霾治理环保体制障碍与突破》，《环境保护》2016 年第 8 期。

史玉成：《环境法学核心范畴之重构：环境法的法权结构论》，《中国法学》2016 年第 5 期。

帅志强等：《构建新媒体背景下西部民族地区环境污染的舆论监督机制》，《西南民族大学学报》（人文社科版）2015 年第 9 期。

孙海波：《基因编辑的法哲学辨思》，《比较法研究》2019 年第 6 期。

孙伟平、赵宝军：《信息社会的核心价值理念与信息社会的建构》，《哲学研究》2019 年第 6 期。

孙伟增等：《环保考核、地方官员晋升与环境治理》，《清华大学学报》（哲学社会科学版）2014 年第 4 期。

孙佑海：《改革开放以来我国环境立法的基本经验和存在的问题》，《中国地质大学学报》（社会科学版）2008 年第 4 期。

孙佑海：《影响环境资源法实施的障碍研究》，《现代法学》2007 年第 2 期。

锁利铭、廖臻：《京津冀协同发展中的府际联席会机制研究》，《行政论坛》2019 年第 3 期。

谭娟等：《大数据时代政府环境治理路径创新》，《中国环境管理》2018 年第 2 期。

陶然等：《经济增长能够带来晋升吗？——对晋升锦标竞争理论的逻辑挑战与省级实证重估》，《管理世界》2010 年第 12 期。

陶韬等：《河务通系统在"河长制"实践中的应用》，《人民珠江》2020 年第 8 期。

童星：《中国应急管理的演化历程与当前趋势》，《公共管理与政策评论》2018 年第 6 期。

涂正革：《公众参与环境治理的理论逻辑与实践模式》，《国家治理》

2018 年第 4 期。

汪劲：《中国环境法治三十年：回顾与反思》，《中国地质大学学报》（社会科学版）2009 年第 5 期。

汪自书等：《我国环境管理新进展及环境大数据技术应用展望》，《中国环境管理》2018 年第 5 期。

王基岩：《论威胁网络空间安全的十大因素及其立法规制》，《河北法学》2014 年第 8 期。

王君玲：《网络环境下群体性事件的新特点》，《甘肃社会科学》2011 年第 3 期。

王珺：《双重博弈中的激励与行为》，《经济研究》2001 年第 8 期。

王世伟：《论大数据时代信息安全的新特点与新要求》，《图书情报工作》2016 年第 6 期。

王威、朱京海：《大数据时代下辽宁环保的思考》，《环境保护与循环经济》2016 年第 2 期。

王威、朱京海：《基于大数据的辽宁智慧环保新思路》，《环境影响评价》2016 年第 2 期。

王锡锌：《参与式治理与根本政治制度的生活化》，《法学杂志》2012 年第 6 期。

王锡锌：《公众决策中的大众、专家与政府》，《中外法学》2006 年第 4 期。

王贤斌等：《辖区经济增长绩效与省长省委书记晋升》，《经济社会体制比较》2011 年第 1 期。

文宏、林彬：《国家战略嵌入地方发展：对竞争型府际合作的解释》，《公共行政评论》2020 年第 2 期。

吴建南等：《环保考核、公众参与和治理效果：来自 31 个省级行政区的证据》，《中国行政管理》2016 年第 9 期。

吴元元：《双重博弈结构中的激励效应与运动式执法——以法律经济学为解释视角》，《法商研究》2015 年第 1 期。

吴元元：《双重结构下的激励效应、信息异化与制度安排》，《制度经济学研究》2006 年第 1 期。

吴真、高慧霞：《新加坡环境公共治理的实施逻辑与创新策略——

以政府、社会组织和公众的三方合作为视角》，《环境保护》2016
年第 23 期。

吴志攀：《"互联网＋"的兴起与法律的滞后性》，《国家行政学院
学报》2015 年第 3 期。

夏莉、江易华：《地方政府环境治理的双重境遇》，《湖北工业大学
学报》2016 年第 3 期。

向志强、孔令锋：《我国学校领导激励机制的双重博弈》，《社会科
学家》2006 年第 5 期。

熊德威：《发展大数据，构建环境管理"千里眼、顺风耳、听诊
器"》，《环境保护》2015 年第 19 期。

徐桂红等：《深圳自然学校环境教育体系研究》，《湿地科学与管理》
2015 年第 4 期。

徐健荣等：《深圳市盐田区生态文明体制改革研究》，《环境科学与
管理》2019 年第 5 期。

许多奇：《个人数据跨境流动规制的国际格局及中国应对》，《法学
论坛》2018 年第 3 期。

许勤：《坚持深圳质量深圳标准，争当全国应急管理工作排头兵》，
《中国应急管理》2014 年第 10 期。

许庆瑞、吴志岩、陈力田：《智慧城市的愿景与架构》，《管理工程
学报》2012 年第 4 期。

薛澜、张慧勇：《第四次工业革命对环境治理体系建设的影响与挑
战》，《中国人口·资源与环境》2017 年第 9 期。

杨学军、徐振强：《智慧城市中环保智慧化的模式探讨与技术支
撑》，《城市发展研究》2014 年第 7 期。

杨雪冬：《压力型体制：一个概念的简明史》，《社会科学》2012 年
第 11 期。

姚洋、张牧扬：《官员绩效与晋升锦标赛——来自城市数据的证据》，
《经济研究》2013 年第 1 期。

于志刚：《"信息化跨国犯罪"时代与〈网络犯罪公约〉的中国取
舍》，《法学论坛》2013 年第 2 期。

於方等：《生态价值核算的国内外最新进展与展望》，《环境保护》

2020 年第 14 期。

郁建兴、高翔：《地方发展型政府的行为逻辑及制度基础》，《中国社会科学》2012 年第 3 期。

郁建兴：《中国地方治理的过去、现在与未来》，《治理研究》2018年第 1 期。

詹志明、尹文君等：《环保大数据及其在环境污染防治管理创新中的应用》，《环境保护》2016 年第 6 期。

詹志明：《我国"智慧环保"的发展战略》，《环境保护与循环经济》2012 年第 10 期。

张彩云等：《中国式财政分权、公众参与和环境规制——基于1997—2011 年中国 30 个省份的实证研究》，《南京审计学院学报》2015 年第 6 期。

张晨：《大数据时代下环保人的宣教工作》，《环境教育》2021 年第4 期。

张金阁、彭勃：《我国环境领域的公众参与模式：一个整体性分析框架》，《华中科技大学学报》（社会科学版）2018 年第 4 期。

张锦水等：《中国陆地生态系统生态资产测量及其动态变化分析》，《应用生态学报》2007 年第 3 期。

张琳、陈军：《"智慧环保"建设中关键问题探讨》，《环境与可持续发展》2016 年第 4 期。

张平：《互联网法律规制的若干问题探讨》，《知识产权》2012 年第8 期。

张橦：《新媒体视域下公众参与环境治理的效果研究——基于中国省级面板数据的实证分析》，《中国行政管理》2018 年第 9 期。

张新宝：《互联网发展的主要法治问题》，《法学论坛》2004 年第1 期。

张逸：《城市总体规划公众参与的创新性实践——对"上海 2035"城市总体规划公众参与的思考》，《上海城市规划》2018 年第4 期。

赵娟：《论环境法的行政法性质》，《南京社会科学》2001 年第7 期。

赵宇峰：《城市治理新形态：沟通、参与与共同体》，《中国行政管理》2017 年第 7 期。

郑石明：《数据开放、公众参与和环境治理创新》，《行政论坛》2017 年第 4 期。

郑思齐等：《公众诉求与城市环境治理》，《管理世界》2013 年第 6 期。

郑方雅：《论大数据时代我国柔性环境执法方式改革》，《湖北经济学院学报》2017 年第 6 期。

郑卫：《我国邻避设施规划公众参与困境研究——以北京六里屯垃圾焚烧发电厂规划为例》，《城市规划》2013 年第 8 期。

仲伟周、王军：《地方政府行为激励与我国地区能源效率研究》，《管理世界》2010 年第 6 期。

周国文：《从生态文化的视域回顾环境哲学的历史脉络》，《自然辩证法通讯》2018 年第 9 期。

周黎安：《政府治理的变革、转型与未来展望》，《人民法治》2019 年第 7 期。

周黎安：《中国地方官员的晋升锦标赛模式研究》，《经济研究》2007 年第 7 期。

周庆山：《论网络法律体系的整体建构》，《河北法学》2014 年第 8 期。

朱光磊、赵志远：《政府职责体系视角下的权责清单制度构建逻辑》，《南开学报》（哲学社会科学版）2020 年第 3 期。

朱江丽：《新媒体推动公民参与社会治理：现状、问题与对策》，《中国行政管理》2017 年第 6 期。

朱京海等：《大数据何以助力环保?》，《环境经济》2015 年第 CZ 期。

四　英文文献

Alex Wang, "The Search for Sustainable Legitimacy: Environmental Law and Bureaucracy in China", *Harvord Environmental Law Review*, Vol. 37, No. 2, 2013.

Andersson, Krister P. and Elinor Ostrom, "Analyzing Decentralized Resource Regimes from a Polycentric Perspective", *Policy Sciences*, Vol. 41, No. 1, 2008.

Bai, Chong-En, Du, Yingjuan, Tao, Zhigang, Tong, Sarah Y., "Local Protectionism and Regional Specialization: Evidence from China's Industries", *Journal of International Economics*, Vol. 63, No. 2, 2004.

Richman, Barak D., "Mandating Negotiations to Solve the NIMBY Problem: A Creative Regulatory Response", *UCLA J. Envtl. L. & Pol'y 20*, Vol. 20, 2001.

Beck, Ann, "Some Aspects of the History of Anti-pollution Legislation in England, 1819 – 1954", *Journal of the History of Medicine and Allied Sciences*, 1959.

Carroll B. and C. Terrance, "Civic Networks. Legitimacy and the Policy Process", *Governance: An International Journal of Policy and Administration*, Vol. 12, No. 1, 2011.

Chen Ye, Li Hongbin, Zhou Li-An, "Relative Performance Evaluation and the Turnover of Provincial Leaders in China", *Economics Letters*, Vol. 88, No. 3, 2005.

Beck, Ann, "Some Aspects of the History of Anti-pollution Legislation in England, 1819 – 1954", *Journal of the History of Medicine and Allied Sciences*, 1959.

Eigenraam, Mark, Joselito Chua, and Jessica Hasker, "Land and Ecosystem Services: Measurement and Accounting in Practice", *11th Meeting of the London Group on Environmental Accounting*, Ottawa, Canada, Retrieved February, 2013.

Folke, Carl, et al., "Adaptive Governance of Social-ecological Systems", *Annual Review of Environment and Resources*, Vol. 30, 2005.

Guo, Huadong, et al., "Scientific Big Data and Digital Earth", *Chinese Science Bulletin*, Vol. 59, No. 35, 2014.

Ha, Huong, and Jim Jose, "Public Participation and Environmental

Governance in Singapore", *International Journal of Environment, Workplace and Employment*, Vol. 4, No. 3, 2017.

Hoekstra, Arjen Y. and Pham Q. Hung, "Globalisation of Water Resources: International Virtual Water Flows in Relation to Crop Trade", *Global Environmental Change*, Vol. 15, No. 1, 2005.

Lan, Jing, Kakinaka, Makoto, Huang, Xianguo, "Foreign Direct Investment, Human Capital and Environmental Pollution in China Environmental and Resource Economics", *Environmental & Resource Economics*, Vol. 51, No. 2, 2012.

Leitmann, Josef, "Integrating the Environment in Urban Development: Singapore As a Model of Good Practice", *Urban Development Division, World Bank, Washington, Retrieved October*, Vol. 26, 2000.

Li H., Zhou L., "Political Turnover and Economic Performance: The Disciplinary Role of Personnel Control in China", *Journal of Public Economics*, Vol. 89, No. 9 – 10, 2005.

Li, Guoping, Yun Hou, and Aizhi Wu, "Fourth Industrial Revolution: Technological Drivers, Impacts and Coping Methods", *Chinese Geographical Science*, Vol. 27, No. 4, 2017.

McGinnis, Michael Dean, *Polycentricity and Local Public Economies: Readings from the Workshop in Political Theory and Policy Analysis*, University of Michigan Press, 1999.

Gerrard, Michael B., "The Victims of NIMBY", *Fordham Urban Law*, Vol. 21, 1993.

Monostori, László, "Cyber-physical Production Systems: Roots, Expectations and R&D Challenges", *Procedia Cirp*, Vol. 17, 2014.

Oi, Jean C., "Fiscal Reform and the Economic Foundations of Local State Corporatism in China", *World Politics*, Vol. 45, No. 1, 1992.

Olsson, Per and Carl Folke, "Local ecological knowledge and institutional dynamics for ecosystem management: A study of Lake Racken watershed, Sweden", *Ecosystems*, Vol. 4, No. 2, 2001.

Ostrom, Elinor, Governing the Commons: The Evolution of Institutions for Collective *action*, Cambridge University Press, 1990.

Ostrom, Elinor, *Understanding Institutional Diversity*, Princeton University Press, 2009.

Pahl-Wostl, Claudia, "A Conceptual Framework for Analysing Adaptive Capacity and Multi-level Learning Processes in Resource Governance Regimes", *Global Environmental Change*, Vol. 19, No. 3, 2009.

Qian, Yingyi and Roland, Gérard, "Federalism and the Soft Budget Constraint", *American Economic Review*, Vol. 88, No. 5, 1998.

Reid, Walter V., et al., *Ecosystems and Human Well-being-Synthesis: A Report of the Millennium Ecosystem Assessment*, Island Press, 2005.

Wang, Hua, and Wenhua Di, "The Determinants of Government Environmental Performance: An Empirical Analysis of Chinese Townships", *Available at SSRN 636298*, 2002.

Wichelns, Dennis, "The Policy Relevance of Virtual Water Can Be Enhanced by Considering Comparative Advantages", *Agricultural Water Management*, Vol. 66, No. 1, 2004.

Zehnder, Alexander JB, Hong Yang, and Roland Schertenleib, "Water Issues: The Need for Action at Different Levels", *Aquatic Sciences*, Vol. 65, No. 1, 2003.

Zhang, Shanqi, and Rob Feick, "Understanding Public Opinions from Geosocial Media", *ISPRS International Journal of Geo-Information*, Vol. 5, No. 6, 2016.

后 记

"城市"，是我近年来关注的重点，结合自己的专业背景，我主要聚焦在城市的可持续发展问题上。在新时代，我也对城市是怎样依托大数据等先进技术展开创新环境治理产生了兴趣，而这种研究兴趣的落地，最初是从对深圳本土环境治理的实践探索开始的。

深圳作为改革开放四十逾年的标兵，一直秉承着先行先试、开拓创新的精神，在城市治理的问题上高瞻远瞩、大胆先行。在对深圳这个城市环境治理的脉络梳理过程中，不难发现，"系统思维"和"多元共治"一直在深圳这个城市的可持续发展进程中发挥着举足轻重的作用。深圳的环境治理，从来都不是"头痛医头、脚痛医脚"，也不是为了实现目标的"因噎废食"，而是从更高的格局和战略，比如产业、能源结构的升级转型入手，本着"以人为本"的城市发展理念，在建立"宜居城市"的目标上，一步一步实现精细化治理的过程。而在这个过程当中，近些年，大数据等高新科技就发挥了非常重要的作用。

深圳拥有一大批卓越而优秀的高新科技企业，华为、腾讯、中兴通讯、大疆等，都在各自领域崭露头角。可以说，依托大数据等先进技术的环境治理体系的建设，是未来城市实现可持续发展的重要路径，而深圳，在这个领域先行了一步。以深圳为基石，探索大数据时代的环境治理现代化，可以更为完整地理解环境治理体系在新时代的新发展。

本书是对我近年来对科技赋能下的环境治理现代化这个问题的梳理和总结。本书能够完成，并非一己之力。要感谢深圳改革开放干部学院的副院长陈家喜教授，陈教授是我工作后的学术导师，他为我提供了环境法律政策与官员行政逻辑之间关系的研究视角，让我从官员决策的视角，去理解环境法律与政策的运行逻辑；感谢深圳市生态环境局法规和标准处的张小波处长、深圳市人大常委会办公厅机关党委的副处长张京博士，两位为本书的写作提供了一手的资料、图片和数据，也为我梳理了深圳市环境治理和法治发展的历史样貌；感谢深圳大学社科部主任田启波教授，田教授是生态哲学领域的专家，他为我提供了从生态马克思主义视角入手对资本主义的运行逻辑和对科技崇拜进行批判的视角，让我从更深的哲学层面去理解人与自然的关系和人类文明发展进程；感谢广州市政务服务数据管理局局长谢明博士，谢明博士为我的写作提供了关于数字政府建设的一手数据资料，也从一个行政官员的视角为我梳理了数字政府、智慧城市未来的发展方向；感谢深圳大学法学院的周卫教授，深圳大学政府管理学院的聂伟博士、陈硕博士，深圳大学美学与文艺批评研究院的李丹舟博士，他们都在本书写作进程中提供了观点上的帮助。感谢深圳市社科院的副院长杨建博士、刘婉华老师和史敏老师，没有这几位老师的支持，本书难以付梓。感谢深圳大学城市治理研究院的各位同人为我的写作和研究提供支持。同时，要感谢我的研究生田璐瑶和魏怀龙，两位同学为本书的资料收集和整理提供了帮助。感谢中国社会科学出版社的编辑王琪、李凯凯为本书出版所付出的辛劳。感谢我的家人们对我的工作和研究一直以来的鼎力支持。

最后，真诚感谢深圳市委宣传部、深圳市社科联、深圳市社科院的大力支持，本书是深圳市人文社会科学重点研究基地"深圳大学生态文明与绿色发展研究中心"的研究成果。

郭少青
2022 年 8 月于深圳大学守正楼